エックス

旧Twitter

基本&
やりたいこと

86

田口和裕・森嶋良子 & できるシリーズ編集部

インプレス

本書の読み方

ワザ

目的や知りたいことから
ワザを探せます。

手順

手順見出し
大まかな操作の流れがわかり
ます。

解説
操作の前提や意味がわかりま
す。

操作説明
「○○をタップ」などそれぞれ
の手順での実際の操作です。
番号順に操作してください。

HINT
関連する機能や一歩進んだテ
クニックを解説しています。

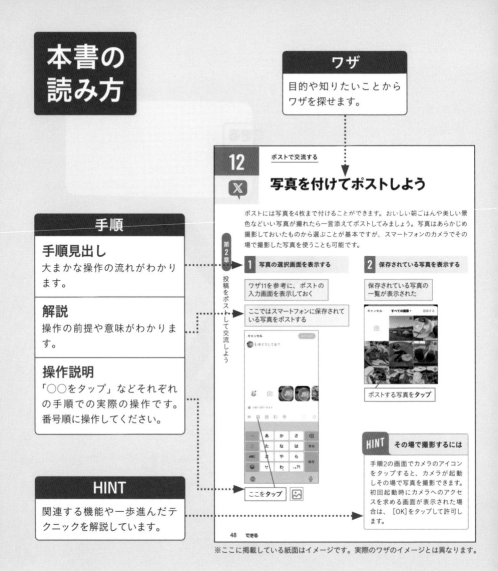

12 ポストで交流する

写真を付けてポストしよう

ポストには写真を4枚まで付けることができます。おいしい朝ごはんや美しい景色などいい写真が撮れたら一言添えてポストしてみましょう。写真はあらかじめ撮影しておいたものから選ぶことが基本ですが、スマートフォンのカメラでその場で撮影した写真を使うことも可能です。

第2章 投稿をポストして交流しよう

1 写真の選択画面を表示する

ワザ11を参考に、ポストの入力画面を表示しておく

ここではスマートフォンに保存されている写真をポストする

ここをタップ

2 保存されている写真を表示する

保存されている写真の一覧が表示された

ポストする写真を**タップ**

HINT その場で撮影するには

手順2の画面でカメラのアイコンをタップすると、カメラが起動しその場で写真を撮影できます。初回起動時にカメラへのアクセスを求める画面が表示された場合は、[OK]をタップして許可します。

48 できる

※ここに掲載している紙面はイメージです。実際のワザのイメージとは異なります。

本書に掲載されている情報について

- 本書で紹介する操作はすべて、2024年3月現在の情報です。
- 本書では、NTTドコモもしくはau、ソフトバンクと契約している、iOS 17.3.1が搭載されたiPhone 14、及びau、ソフトバンクと契約している、Android 14が搭載されたGalaxy A54を前提に操作を再現しています。
- 本文中の価格は税込表記を基本としています。

「できる」「できるシリーズ」は、株式会社インプレスの登録商標です。

本書に記載されている会社名、製品名、サービス名は、一般に各開発メーカーおよびサービス提供元の登録商標または商標です。なお、本文中には ™ および ® マークは明記していません。

まえがき

　米 X 社が運営する SNS（ソーシャルネットワーキングサービス）X（エックス）は、140 文字以内の文章を投稿することでさまざまな情報を発信・拡散・収集できるサービスです。

　2022 年 10 月 28 日に、米テスラ社ほかの CEO イーロン・マスク氏に買収されるまでは「Twitter」という名前で親しまれていました。

　この騒動で多少ユーザー数は減ったものの、2023 年 9 月の発表では世界の利用者数は 2 億 4,500 万人を超えており、2023 年 12 月の調査によると、日本のデイリーアクティブユーザー数は 4,000 万人以上となっています。

　本書は主に初心者を対象に以下のような構成で X の操作を解説しています。

　第 1 章では、X の基礎的な知識とインストール手順を解説します。
　第 2 章では、X ではじめてつぶやくときの手順について説明します。
　第 3 章では、アカウントのフォローについて説明します。
　第 4 章では、X をさらに便利に使いこなす方法を解説します。
　第 5 章では、動画や音声をリアルタイムで配信する方法を解説します。
　第 6 章では、パソコンで X を使う方法を紹介します。
　第 7 章では、有料プラン「X Premium」でできることを紹介します。
　第 8 章では、X を安全に使う上で注意すべき項目を紹介します。
　第 9 章では、X のアカウント管理について詳しく解説します。

　本書では 2023 年に提供が開始された有料プラン「X Premium」についても詳しく解説しています。通して読むことで、X の基本的な操作はほとんど習得できるようになるでしょう。

　なお、本書ではパソコンでの利用を想定した 6 章を除いて、スマートフォン（iOS）のアプリを中心に解説しています。Android 版のアプリで操作が異なる場合は別途解説しています。

　読者のみなさんが X を活用する際、この本を手元に置いていただければ執筆者一同嬉しく思います。

2024 年 3 月

田口和裕　森嶋良子

目次

第1章 Xをはじめよう

—— Xの基本

—— Xをはじめる

第2章 投稿をポストして交流しよう

第 5 章 スペースやライブ放送を
楽しもう

第8章 トラブルを避けて安心・安全に使おう

第9章 アカウントを管理しよう

—— アカウントの管理

用語集

Xには聞きなれない用語があります。ここでは、覚えておきたい用語をかんたんに解説しました。

X の用語	
いいね！	投稿の下に表示されるハートマークのアイコンをタップするだけで、好意的な気持ちや内容に共感したことを手軽に伝えることができる機能。
タイムライン	アプリで最初に開くホーム画面。「フォロー中」を選ぶとユーザーがフォローしているアカウントからのポストが時系列順に、「おすすめ」を選ぶとフォローしているアカウントだけではなくXがおすすめする投稿も表示される。
ダイレクトメッセージ	相互フォロー中（企業アカウントなど例外もあり）の相手とプライベートなメッセージや写真を交換できる機能。複数のアカウント間でメッセージのやりとりができる「グループ会話」も可能。ただし、ブロックしているアカウントとはメッセージのやりとりはできない。
ダークモード	背景を暗くして文字を明るく表示する設定のこと。ユーザーが長時間スクリーンを見る際の眼精疲労を減らす助けになるとされ、バッテリー寿命の節約にも役立つという。設定メニューから切り替えることができるため、自分の好みや使用状況に応じて選択することが可能。
通知	Xで何かが起きたことを知らせるために送られる情報。自分宛ての返信や@投稿、いいね、リポスト、ダイレクトメッセージ、新しいフォロワーなどさまざまな項目があり、画面下部にある「通知」アイコンをタップすることで確認できるだけではなく、スマートフォンの通知機能を使ったプッシュ通知も可能。

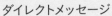

ダイレクトメッセージ

ダークモード

チェックマーク	なりすましを防ぐため本人であることを証明するバッジ。青いチェックマークは X Premium のアクティブなサブスクリプションを保有しており、所定の資格基準を満たしていることを意味する。また、「X 認証済み組織」を意味する金色や、政府機関や多国間機関、またはその関係者のアカウントを意味するグレーのチェックマークも存在する。
フィッシング詐欺	ユーザーを偽のウェブサイトに誘導し、個人情報やログイン情報を盗む詐欺行為。メールやメッセージに偽装したリンクを使い、信頼できる組織を装ってユーザーを欺く。情報の盗難やアカウントの乗っ取りにつながり、金銭的損失や個人情報の悪用の危険があるため注意する必要がある。
フォロー	ほかのユーザーをフォローすると、そのユーザーのポストが自分のタイムラインに表示され、更新情報をリアルタイムで受け取ることができる。相互フォローの場合、ダイレクトメッセージでのプライベートなコミュニケーションも可能になる。
フォロワー	自分をフォローしている人。自分の投稿を見ることができる。
ミュート	X 上で特定のユーザーのポストや通知を自分のタイムラインから非表示にする機能。ミュートしたユーザーは、その行為が行われたことを知らされず、フォロー状態は維持される。ミュートは、ユーザーが特定のコンテンツを見たくない場合や、一時的に通知を受け取りたくない場合に使用される。
ブロック	特定のユーザーからのアクセスを完全に遮断する機能。ブロックされたユーザーは、ブロックした人の投稿を閲覧したり、ダイレクトメッセージを送信したりすることができなくなる。また、ブロックされたユーザーはブロックした人をフォローすることもできない。ブロックは、不適切なコンテンツやハラスメントからユーザーを守るために使用される。
ブロック解除（ブロ解）	自分のアカウントをフォローしている人を一時的にブロックし、その後すぐに解除すること。これにより、相手からのフォローをはずすことができる。相手との関わりをやんわり断ちたい場合などに使われる機能。

チェックマーク

GAME Watch
@game_watch

フォロワー

プロモーション（広告）	X上で企業や個人が自身の製品、サービス、ブランド、イベントなどを宣伝するために利用する有料の広告サービス。
スレッド	一連のポストを関連付けて表示する機能。ユーザーが元のポストに返信する形で複数のポストを続けて行うと、これらが自動的にスレッドとしてリンクされ、会話の流れを容易に追跡できるようになる。スレッドは、詳細な説明、物語、またはディスカッションを展開する際に便利で、フォロワーに対して連続した情報を整理して提供する方法として使用される。
ポストアクティビティ	個々のポストのパフォーマンスを分析するための機能。このツールを使用すると、ポストがどれだけのインプレッション（表示回数）を獲得したか、エンゲージメント数（いいね、リポスト、リプライの総数）、クリック数などの詳細なデータを確認できる。
投票	特定の質問に対する複数の選択肢を提供し、フォロワーが投票する形式で行われるフォロワーの意見や好みを尋ねる機能。投票期間は最大7日間設定可能で、結果はリアルタイムで追跡でき、投票終了後に公開される。
トレンド	X上で現在特に話題になっているキーワードやハッシュタグのこと。ユーザーはトレンドを通じて最新のニュース、文化的現象、社会的運動などについて知ることができる。
ハッシュタグ	ポストに付けられる、「#」記号に続くキーワードやフレーズのこと。ハッシュタグを使用することで、特定のトピックやテーマに関連するポストを検索しやすくなり、ユーザーは興味のある内容を追跡できるようになる。

投票

トレンド

メンション	ほかのユーザーの名前をポスト内に含めることにより、そのユーザーに直接言及または通知する行為。ユーザーネームの前に「@」記号を付けることでメンションとなり、メンションされたユーザーは通知を受け取る。この機能は、公開のやりとりでほかのユーザーを会話に招待したり、特定のポストを誰かの注意に引きつけたりする際に便利。また、感謝や質問、フィードバックの表現など、さまざまな目的で使用される。
リスト	特定のグループを作成し、そのグループのメンバーのポストを専用のタイムラインで閲覧できる機能。例えば「ニュースソース」「友人」「業界関係者」など、自分の興味に合わせた特定のテーマやカテゴリに基づいたリストを作成できる。リストは公開または非公開に設定でき、公開リストはほかのユーザーと共有することができる。
リポスト	ほかのユーザーのポストを自分のフォロワーに再共有すること。リポストすると、そのポストが自分のタイムライン上で表示され、自分のフォロワーに対して元のポストを広めることができる。リポストは、賛同、興味、または重要な情報をフォロワーと共有したいときに利用される。また、リポスト時に元のポストにコメントを追加することも可能、これを「引用ポスト」と呼ぶ。
リプライ	ほかのユーザーのポストに対して直接返信すること。返信したいポストの下にある返信ボタンをクリックして行われ、「@ ユーザーネーム」という形式で始まる。リプライは、そのやりとりをフォロワーに公開するか、特定のポストに対するコメントをプライベートに保つかによって、会話の形式を選ぶことが可能になる。

リスト

リプライ

第1章

Xをはじめよう

Xってどんなサービス？

X（エックス）はポストと呼ばれる最大140文字の短いメッセージを投稿することによってたくさんの人と交流できるSNSです。世界中で多くのユーザーが利用しており、スマートフォンやPCを使って誰でもさまざまな情報を収集したり自ら発信したりすることができます。

LINE、YouTubeに続いて国内ユーザー数第3位のSNS

スマートフォンやパソコンを使って友達同士の交流や最新の情報収集を行うSNS（ソーシャルネットワーキングサービス）は、この15年で急速に発展したサービスです。なかでも日本ではXの人気が高く、月間アクティブユーザー数は6,650万人※と、1位のLINE（9,600万人）や2位のYouTube（7,120万人）に次ぐ位置にあります。

●「つぶやき」を瞬時に共有できる

個人の「つぶやき」やニュースなど、さまざまな情報をやりとりして交流できる

※2024年2月調べ

世界中の人が利用している

もともとXはアメリカ発のサービスなので、日本だけではなく世界中でさまざまな人たちに利用されています。一般の人はもちろんハリウッドスターや人気スポーツ選手、グローバル企業やブランドなども公式アカウントを持っており、日々ポストを行っています。

●有名人や企業の「つぶやき」も読める

世界中のスターや著名人、企業やブランドも情報発信をしている

情報収集に使うだけでもOK

Xは「つぶやき」を通してユーザー同士の交流を行うSNSですが、必ずしも交流が必要なわけではありません。一方的に読んで情報収集に使うだけでもOKです。ニュースソースとしては速報性が極めて高く、自分の好みの情報がリアルタイムに飛び込んでくる楽しさがあります。

1 基本

2 ポスト

3 フォロー

4 便利ワザ

5 配信

6 パソコン

7 X Premium

8 安全

9 管理

HINT　無料で利用できる?

Xの運営の大部分は広告費で賄われているので、ユーザーは多くの機能を無償（一部有償）で利用できます。

Xで何ができる?

Xの基本となるのは140文字以内でつぶやくポストです。ポストには文章だけではなく写真や動画を含めたり、スマートフォンのカメラを使ってライブ放送を行うこともできます。また、2021年7月には複数のユーザーで公開トークができる「スペース」という機能が追加されました。

「つぶやき」を通じて交流できる

そもそも「X」の前身となる「Twitter」というサービス名は「鳥のさえずり」を意味する英単語からきています。鳥がさえずるように気軽に投稿したポスト(つぶやき)をきっかけに、ほかのユーザーからリプライ(返信)をもらって会話が弾むといった交流が日々行われています。また、リプライのほかにも「いいね」と呼ばれるハートマークを押して気持ちを伝え合うといった使い方もできるようになっています。

●ポストに反応して気持ちを伝え合う

写真などを付けてポスト(つぶやき)ができる

ほかの人のポストにリプライ(返信)を付けて会話できる

「いいね」を付けて相手に共感の気持ちを伝えられる

リアルタイムの交流が楽しめる

テキストベースのポスト以外にも、スマートフォンで手軽に動画配信が可能な「ライブ放送」や、2021年7月にスタートした複数人で音声会話ができる「スペース」など、最近はユーザー同士がリアルタイムで交流できる手段が充実してきています。

●音声や映像でも交流ができる

「スペース」で音声の
会話が楽しめる

スマートフォンのカメラと
マイクで「ライブ放送」
ができる

有益な情報を発信・拡散できる

ポストを引用して再投稿できるリポスト機能（ワザ18）を使えば、有益な情報や気に入った投稿を伝言ゲームのように拡散しやすくなります。またProアカウントならポストを有料でプロモーションすることもできます。

HINT 複数の「アカウント」を使い分けてもいい

Xでは同じ人が複数のアカウントを持つことが認められています。職場用、友達との交流用、趣味用と3つ以上のアカウントを使い分けている人も珍しくありません。詳しくは第9章で解説します。

1 基本
2 ポスト
3 フォロー
4 便利ワザ
5 配信
6 パソコン
7 X Premium
8 安全
9 管理

iPhoneでXに登録しよう

Xを利用するためにはスマートフォンにアプリをインストールする必要があります。iPhoneの場合は「App Store」から無料でダウンロードしてインストールします。インストールが終わったらユーザーアカウントを登録します。登録にはメールアドレスまたはスマートフォンの電話番号が必要です。

第1章 Xをはじめよう

[App Store]からアプリをインストールする

1 [App Store]を起動する

ホーム画面で [App Store]を**タップ**

2 検索画面を表示する

[App Store]が
表示された

[検索]を
タップ

3 アプリを検索する

検索画面が
表示された

❶「X」と
入力

❷[X] を
タップ

4 アプリをインストールする

アプリが検索
された

❶[入手]を
タップ

❷[インストール]を
タップ

5 サインインする

[Apple IDでサインイン]
画面が表示される

❶ Apple IDのパスワードを**入力**

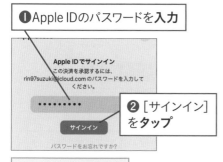

❷ [サインイン]
を**タップ**

[完了]と表示される

6 アプリをインストールできた

インストールが完了すると、
[開く]と表示される

[開く]をタップすると、
アプリを起動できる

Xのアカウントを新規登録する

1 Xを起動する

20 〜 21ページを参考に、[X]ア
プリをインストールしておく

[X]を**タップ**

2 新規登録をはじめる

Xが起動
した

❶ [ログインまたは
登録]を**タップ**

❷ [アカウントを作成]を**タップ**

1 基本

2 ポスト

3 フォロー

4 便利ワザ

5 配信

6 パソコン

7 X Premium

8 安全

9 管理

次のページに続く→

3 名前と電話番号を設定する

[アカウントを作成]
画面が表示された

電話番号
を入力して
もいい

❶[かわりにメー
ルアドレスを登
録する]を**タップ**

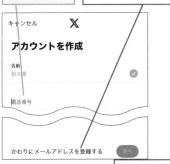

❷[名前]に自
分の名前(ニッ
クネームでもい
い)を**入力**

❸[メール]に
自分のメールア
ドレスを**入力**

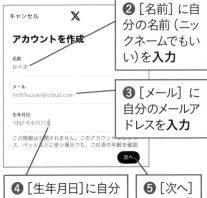

❹[生年月日]に自分
の生年月日を**入力**

❺[次へ]
を**タップ**

名前は後から変更できる

[環境をカスタマイズする]画面が
表示された

❻[次へ]
を**タップ**

4 電話番号を登録して認証する

❶[登録する]
を**タップ**

メールを受信しておく

❷入力したメールアドレスに届いた
認証コードを確認

❸認証コードを**入力**

❹[次へ]を**タップ**

第
1
章

X
を
は
じ
め
よ
う

5 パスワードを設定する

[パスワードを入力]画面が表示された

❶ パスワードを**入力**

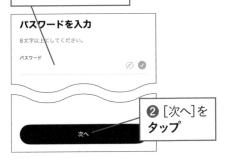

パスワードを入力
8文字以上にしてください。

パスワード

❷ [次へ]を**タップ**

6 プロフィール画像の選択を スキップする

[プロフィール画像を選ぶ]画面が表示された

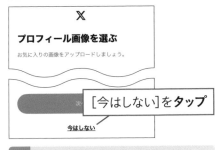

X

プロフィール画像を選ぶ
お気に入りの画像をアップロードしましょう。

[今はしない]を**タップ**

今はしない

7 名前の入力をスキップする

[名前を入力]画面が表示された

[今はしない]を**タップ**

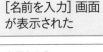

名前を入力
Twitterで使われるアドレスです。英数字のみ使用できます。すでに使われているものは設定できません。後から変更することもできます。

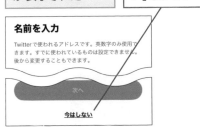

次へ

今はしない

8 通知をオンにする

["X"は通知を送信します。よろしいですか?]と表示された

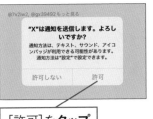

@7x2jw2, @gx39492 もっと見る

"X"は通知を送信します。よろしいですか?
通知方法は、テキスト、サウンド、アイコンバッジが利用できる可能性があります。通知方法は"設定"で設定できます。

許可しない　　許可

[許可]を**タップ**

9 連絡先の同期をスキップする

❶ [続ける]を**タップ**

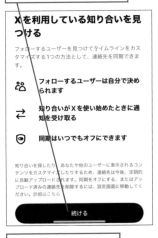

Xを利用している知り合いを見つける

フォローするユーザーを見つけてタイムラインをカスタマイズする1つの方法として、連絡先を同期できます。

フォローするユーザーは自分で決められます

知り合いがXを使い始めたときに通知を受け取る

同期はいつでもオフにできます

知り合いを探したり、あなたや他のユーザーに表示されるコンテンツをカスタマイズしたりするため、連絡先は今後、定期的に自動アップロードされます。同期をオフにする、またはアップロード済みの連絡先を削除するには、設定画面に移動してください。詳細はこちら

続ける

❷ [許可しない]を**タップ**

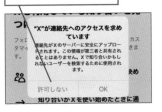

"X"が連絡先へのアクセスを求めています
連絡先がXのサーバーに安全にアップロードされます。この情報が第三者と共有されることはありません。Xで知り合いかもしれないユーザーを検索するために使用します。

許可しない　　OK

1 基本
2 ポスト
3 フォロー
4 便利ワザ
5 配信
6 パソコン
7 X Premium
8 安全
9 管理

次のページに続く→

10 トピックの選択をスキップする

興味のあるトピックを選択する
画面が表示された

❶トピックを3つ以上選択して
それぞれ**タップ**

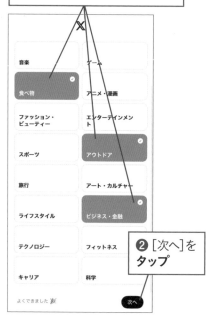

❷ [次へ]を
タップ

❸ [次へ]を**タップ**

11 おすすめアカウントを フォローする

おすすめアカウントの画面が
表示された

❶ [フォローする]を
タップ

❷ [次へ]を
タップ

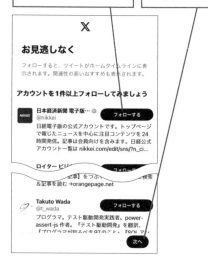

12 アカウントの登録が終了した

ホーム画面が表示された

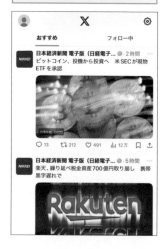

04

Xをはじめる

Androidスマートフォンで Xに登録しよう

Xを利用するためにはスマートフォンにアプリをインストールする必要があります。Androidの場合は「Play ストア」から無料でダウンロードしてインストールします。インストールが終わったらユーザーアカウントを登録します。登録にはメールアドレスまたはスマートフォンの電話番号が必要です。

[Play ストア]からアプリをインストールする

1 [Play ストア]を起動する

ホーム画面で [Play ストア]を**タップ**

2 検索画面を表示する

[Play ストア]が表示された

[アプリとゲームを検索]を**タップ**

3 アプリを検索する

検索画面が表示された

❶「X」と入力

❷ [x twitter] を**タップ**

4 アプリをインストールする

アプリが検索された

[インストール]を**タップ**

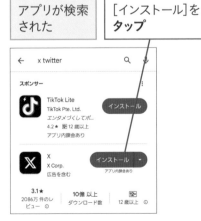

次のページに続く→

1 基本

2 ポスト

3 フォロー

4 便利ワザ

5 配信

6 パソコン

7 X Premium

8 安全

9 管理

5　アプリのインストールが始まる

アプリのインストールが
はじまった

6　アプリをインストールできた

インストールが完了すると、
[開く]と表示される

[開く] をタップすると、
アプリを起動できる

Xのアカウントを新規登録する

1　Xを起動する

25 ～ 26ページを参考に、[X] ア
プリをインストールしておく

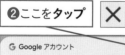

❶[X]を**タップ**

[Googleでログイン]画面が
表示された

❷ここを**タップ**

2　新規登録をはじめる

「いま」起きている
ことを見つけよう。

Xが起動した

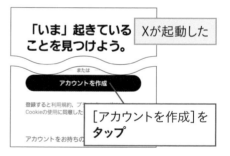

[アカウントを作成]を
タップ

3　言語を選択する

[日本語]が選択されている

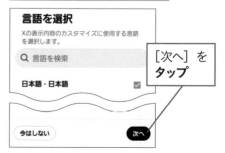

[次へ] を
タップ

4 名前と電話番号を設定する

[アカウントを作成] 画面が
表示された

❶ [名前] に自分の名前 (ニックネームでもいい)を**入力**

❷ [電話番号]に
自分の電話番号
を**入力**

❸ [生年月日] の表示
を上下にスワイプして
生年月日を**設定**

❹ [次へ]
を**タップ**

名前は後から変更できる

[環境をカスタマイズする]画面が
表示された

❺ [次へ]を**タップ**

5 電話番号を登録して認証する

❶ [登録する]を**タップ**

「アカウントを認証する」と表示されたら、画面の指示にしたがって、実在の人物であることを証明する

電話番号の認証のメッセージが
表示された

❷ [OK] を
タップ

ショートメール (SMS) に
認証コードが届く

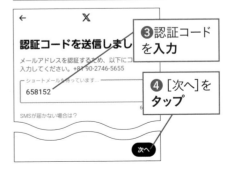

❸認証コード
を**入力**

❹ [次へ]を
タップ

1 基本

2 ポスト

3 フォロー

4 便利ワザ

5 配信

6 パソコン

7 X Premium

8 安全

9 管理

次のページに続く──→

6 パスワードを設定する

[パスワードを入力]画面が表示された

❶ パスワードを**入力**

パスワードを入力

8文字以上にしてください。

❷ [次へ]を**タップ**

7 プロフィール画像の選択をスキップする

[プロフィール画像を選ぶ]画面が表示された

𝕏

プロフィール画像を選ぶ

お気に入りの画像をアップロードしましょう。

[今はしない]を**タップ**

8 名前の入力をスキップする

[名前を入力]画面が表示された

名前を入力

Twitterで使われるアドレスです。英数字のみ使用できます。すでに使われているものは設定できません。後から変更することもできます。

ユーザー名
Nmi07Sbz1532556

[今はしない]を**タップ**

9 通知をオンにする

通知をオンにする

「いま」起きていることを見つけてXを最大限に活用しましょう。

通知を許可

今はしない

通知の送信を 𝕏 に許可しますか？

許可

許可しない

[許可]を**タップ**

10 連絡先の同期をスキップする

連絡先を同期する画面が
表示された

Xを利用している知り合いを見つける

フォローするユーザーを見つけてタイムライン
をカスタマイズする1つの方法として、連絡先を
同期できます。

👥 フォローするユーザーは自分で決められます

⇄ 知り合いがXを使い始めたときに通知を受け取る

知り合いを探したり、あなたや他のユーザーに表示
されるコンテンツをカスタマイズしたりするため、
連絡先は今後、定期的に自動アップロードされま
す。同期をオフにする、またはアップロード済みの
連絡先を削除するには、設定画面に移動してくださ
い。詳細はこちら

続ける

❶ [続ける]を**タップ**

👥 フォローするユーザーは自分で決められます

⇄ 知り合いがXを使い始めたときに通知を受け取る

👤
連絡先へのアクセスを「X」に許可しますか？

許可

許可しない

❷ [許可しない]を**タップ**

off permissions required for
this feature.

知り合いがXを使い始めたときに通知

連絡先についての許可は [設定] > [アプリ] >
[X] > [アクセス権] からできます。

アプリ情報へ

今はしない
続ける

❸ [今はしない]を**タップ**

---

11 おすすめアカウントをフォローする

おすすめアカウントの画面が
表示された

❶ [フォローする]を**タップ**　　❷ [次へ]を**タップ**

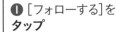

X

アカウントを1件以上フォローしてみましょう

フォローすると、ツイートがホームタイムライン
に表示されます。関連性の高いおすすめも表示さ
れます。

おすすめユーザー

スターバックス コー... ✓　　**フォローする**
@Starbucks_J
こんにちは。スターバックスの公式アカウ
ントです。お店と同じ心地よい場所にした...

...
@SplatoonJP
『スプラトゥーン』公式総合アカウント。

次へ

---

12 アカウントの登録が終了した

ホーム画面が表示された

👤　　　X　　　⚙

おすすめ　　　　フォロー中

おすすめアカウント

スターバックス コーヒーさんのフォローに基
づくおすすめ

ミスターードーナツさん、タリーズコーヒージ
ャパン株式会社さ...　　　　コーヒーファ

スターバックス コーヒー ✓ @Sta... ・1日
本日(1/31)から、深紅に艶めく『#ルージュ
オペラフラペチーノ®』と『#ルージュホワ
イトオペラフラペチーノ®』がスタート。
レッドベリーグラサージュソースの甘
ばさが、チョコレートの豊かな味わ
き立てます。

🏠　　🔍　　👥　　🔔　　✉

---

1 基本

2 ポスト

3 フォロー

4 便利ワザ

5 配信

6 パソコン

7 X Premium

8 安全

9 管理

05 Xをはじめる

ユーザー名を設定しておこう

Xを新規登録した際には仮のユーザー名が割り当てられています。ユーザー名とはアカウントを識別するための英数字のことですが、仮のユーザー名は意味のない文字列（例：la3ad64t9）になっているので、わかりやすいものに変更しておきましょう。ただしほかの人が使っているユーザー名は登録できません。

第1章　Xをはじめよう

1 メニュー画面を表示する

ホーム画面を表示しておく

プロフィール画像を**タップ**

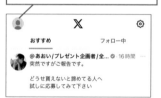

2 [設定]画面を表示する

メニュー画面が表示された

❶ [設定とサポート]を**タップ**

❷ [設定とプライバシー]を**タップ**

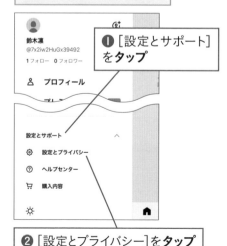

3 [アカウント]画面の アカウント情報を表示する

[設定]画面が表示された

❶ [アカウント]を**タップ**

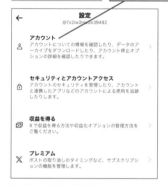

[アカウント]画面が表示された

❷ [アカウント情報]を**タップ**

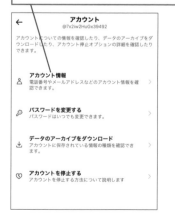

4 [ユーザー名を変更]画面を 表示する

アカウント情報の画面が表示された

[ユーザー名]を**タップ**

5 ユーザー名を入力する画面を 表示する

[ユーザー名を変更]画面が 表示された

❶ [ユーザー名] を**タップ**（Android では現在のユーザー名が表示されて いるので、すべて消去する）

ユーザー名の変更を確認する画面 が表示された（Androidでは次の 手順に進む）

❷ [次へ]を**タップ**

6 ユーザー名を変更する

❶使いたいユーザー名を**入力**

利用可能な場合 はチェックマー クが表示される

❷ [完了] を**タップ**

位置情報の利用の確認画面が 表示されたときは、[許可しない] をタップする

7 ユーザー名を変更できた

[アカウント] 画面が表示され、ユー ザー名を変更できた（Androidでは ホーム画面が表示される）

ホーム画面に戻るときは ここをタップしていく ←

1 基本
2 ポスト
3 フォロー
4 便利ワザ
5 配信
6 パソコン
7 X Premium
8 安全
9 管理

Xの画面を確認しよう

アプリのインストールが終わったらXの画面を確認してみましょう。上下にたくさん表示されているアイコンにはそれぞれ意味があり、タップすると対応する画面が表示されます。一度に全部の機能を覚える必要はありませんが、まずはどんなものがあるかを大まかにつかんでおきましょう。

Xアプリの画面構成（ホーム画面）

❶メニュー画面を表示する

❷おすすめのポストが表示される。フォロー中のユーザー以外のポストも含まれる

❸フォロー中のユーザーのポストが時系列順に表示される

❹リストやコミュニティを表示する

❺ホーム画面を表示する

❻ポストやユーザーを検索する

❼自分に届いた通知を表示する

❽ダイレクトメッセージを送受信する

❾ポストを投稿する

HINT Androidスマートフォンの場合は？

本書ではiPhoneのアプリの画面を主に掲載していますが、Androidスマートフォンでも基本的な画面構成は同じです。表示が異なる箇所は追記しています。

❶メニュー画面

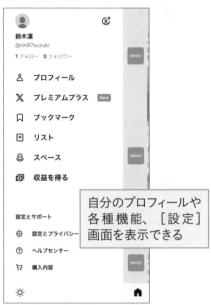

自分のプロフィールや
各種機能、[設定]
画面を表示できる

❻検索

ユーザーやポストを検索する
（ワザ09、30）

❼通知

自分がフォローされたときや、リプ
ライ、リポスト、「いいね」されたと
きなどの通知を表示する（ワザ16）

❽ダイレクトメッセージ

自分に届いたダイレクトメッセージ
を確認したり、会話のやりとりを表
示したりできる（ワザ21）

❾ポストの投稿

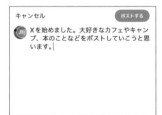

ポストの内容を入力して投稿する
（ワザ11）

1 基本

2 ポスト

3 フォロー

4 便利ワザ

5 配信

6 パソコン

7 X Premium

8 安全

9 管理

Xをはじめる

プロフィールの画像と
自己紹介を登録しよう

プロフィール画面は、ほかのユーザーに自分がどんな人かを知ってもらうための画面です。まずは自分らしいプロフィール画像とヘッダー画像、そして自己紹介用の文章を用意しましょう。プロフィール画像は、必ずしも顔写真を登録する必要はありません。また登録した内容は後から変更することも可能です。

1 プロフィール画面を表示する

ホーム画面を表示しておく

❶プロフィール画像を**タップ**

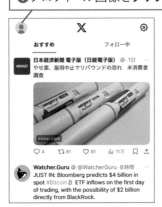

❷[プロフィール]を**タップ**

2 プロフィール画面が表示された

[プロフィールを入力]を**タップ**

3 プロフィール画像の設定を はじめる

[プロフィール画像を選ぶ] 画面が
表示された

ここ (Androidでは [アップ
ロード])を**タップ**

4 写真の利用を許可する

["X"から"写真"にアクセスしよう
としています]と表示された

[すべての写真へのアクセスを許可]
を**タップ**

5 写真を選択する

保存されている写真が
一覧表示された

アイコンにしたい写真を**タップ**

HINT プロフィール画像に
向いているのは?

プロフィール画像は本人の顔写
真ももちろんよく使われています
が、食べ物やペットの写真、自
分で書いたイラストなど自分を表
現できるものならなんでも構い
ません。ただし、他人の写真や
イラストなどをそのまま使うのは
NGです。今なら生成AIで作るの
もいいかもしれませんね。

1 基本

2 ポスト

3 フォロー

4 便利ワザ

5 配信

6 パソコン

7 X Premium

8 安全

9 管理

次のページに続く⟶

6 写真の使用範囲を決める

❶**ドラッグ**したり拡大・縮小
したりして調整

❷[適用]（Android
では[適用する]）
を**タップ**

❸[完了]を
タップ

7 プロフィール画像を アップロードする

プロフィール画像を選択できた

[次へ]を**タップ**

8 ヘッダー画像を設定する

プロフィール画像を設定できた

[アップロード]をタップして、
プロフィール画像と同様にヘ
ッダー画像を設定しておく

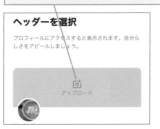

ヘッダー画像を設定できた

[次へ]を
タップ

9 自己紹介文を入力する

[自己紹介]画面
が表示された

❶自己紹介文
を**入力**

❷[次へ]を
タップ

10 名前の入力をスキップする

[名前を入力]画面が表示された

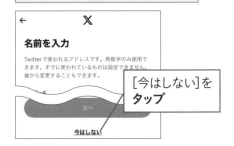

[今はしない]を
タップ

11 現在いる場所を設定する

[どちらにお住まいですか?]という
画面が表示された

❶[位置情報]を**タップ**

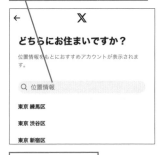

❷住所を**入力**

❸[次へ]を**タップ**

12 プロフィールを設定できた

自己紹介文を設定できた

[保存]を**タップ**

プロフィールを設定できた

1 基本

2 ポスト

3 フォロー

4 便利ワザ

5 配信

6 パソコン

7 X Premium

8 安全

9 管理

「フォロー」と「フォロワー」を理解しよう

興味をもったユーザーや企業、お店などのポストを定期的に見たいときはそのアカウントを「フォロー」します。逆に自分のアカウントが誰かから「フォロー」された場合はそのユーザーのことを「フォロワー」と呼びます。Xを使う上で基本的な言葉なのでしっかり覚えておきましょう。

相手を「フォロー」してポストを購読する

友達のポストを読んだり、企業やブランドの情報を入手したりするには、そのアカウントを「フォロー」しなければなりません。アカウントをフォローすると、その人が何かポストするたびに自分のホーム画面（ワザ06参照）にすぐに表示されます。ホーム画面では上から下へと新しいポストがどんどん流れていくので、「タイムライン」と呼ぶこともあります。新聞や雑誌を購読するようにいろいろなアカウントをフォローしておけばあなたにとって便利でにぎやかなタイムラインになります。

●フォローとタイムラインの関係

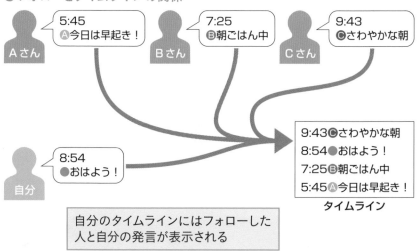

自分のポストを読んでくれるのが「フォロワー」

あなたが誰かをフォローしているように、自分をフォローしている人のことを「フォロワー」といいます。フォロワーはあなたのポストを読んで返信をくれたり、重要な情報をリポストして広めてくれたりします。

Xで情報を入手するときにはどんなアカウントをフォローするかが重要ですが、自分で情報を発信したり会話を楽しんだりする上では、興味や趣味の合うフォロワーがどれだけいるかが大切です。

● フォローとフォロワーの関係

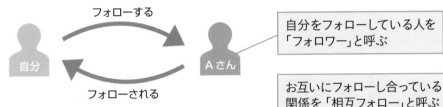

フォローする

自分をフォローしている人を「フォロワー」と呼ぶ

お互いにフォローし合っている関係を「相互フォロー」と呼ぶ

フォローされる

自分　Aさん

「フォローバック」してつながる

誰かにフォローされると、あなたのところにお知らせが届きます。フォロワーになってくれたユーザーを見て、自分の親しい友達であったり、知らないユーザーでも興味や趣味が合いそうなら、こちらからもフォローをし返すといいでしょう。これを「フォローバック」といいます。フォローとフォロワーが広がると、Xのコミュニケーションは楽しくなります。

HINT 「フォローする」「フォローされる」は片方向でいい

フォローされたからといって、必ずしもフォローし返さなくてはならないわけではありません。あまり無節操にたくさんの人をフォローしてしまうと、重要なポストを読み落としたり、興味のないポストが増えて楽しくなくなったりすることもあります。フォローし返すのは、あくまで自分が興味のある人だけにしておくのがいいでしょう。逆に誰かをフォローしたときにも、相手があなたをフォローし返してくれるとは限りません。フォローする人数を制限していたり、知り合いしかフォローしないと決めていたりするのかもしれません。誰をフォローするかは、その人の自由なのです。

1 基本
2 ポスト
3 フォロー
4 便利ワザ
5 配信
6 パソコン
7 X Premium
8 安全
9 管理

09

Xをはじめる

ほかのアカウントを
フォローしよう

ここでは知り合いや、自分が興味を持ったユーザーのアカウントをフォローする手順を紹介します。フォローしたユーザーのポストは以後「タイムライン」と呼ばれる画面に表示されることになります。後からフォローを解除（ワザ37）することもできるので、まずはどんどんフォローしていきましょう。

第1章 Xをはじめよう

1 ユーザーを検索する

ホーム画面を表示しておく

ここを**タップ** 🔍

2 ユーザー名を入力する

検索ボックスが表示された

検索したい人のユーザー名や名前
（ここでは「@dekirumonn」）を**入力**

3 プロフィールを表示する

自動的に検索結果が表示される

目的のユーザー名を**タップ**

4 フォローする

目的のユーザーのプロフィール画面が
表示された

自己紹介や写真、発言内容を確認
して知り合いかどうかを確認

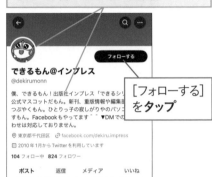

[フォローする]
を**タップ**

5 [ホーム]画面を表示する

[フォロー中]と表示された

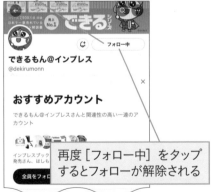

再度[フォロー中]をタップ
するとフォローが解除される

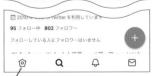

ここ(Androidでは画面左上の
矢印のアイコン)を**タップ**

6 知り合いをフォローできた

ホーム画面が表示された
(Androidでは手順2の検
索画面が表示される)

知り合いのポストが表示さ
れている

2 ポスト

3 フォロー

4 便利ワザ

5 配信

6 パソコン

7 X Premium

8 安全

9 管理

10

X をはじめる

タイムラインの表示を確認しよう

アプリを起動すると、ホーム画面に「タイムライン」が表示されます。タイムラインには、自分のポスト、フォローしているユーザーのポストやリポスト、注目のポスト、広告ポストなどが表示されます。情報の発信や収集、ほかのユーザーとの交流などはこの画面を起点に行います。

ホーム画面のタイムラインの構成

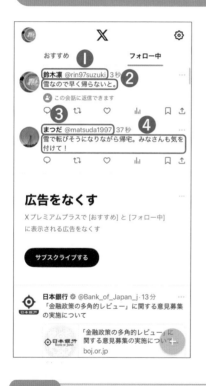

❶自分のユーザー名
自分がXに登録した名前とユーザー名が並んで表示される

❷自分のポスト
ユーザー名の下に投稿内容が表示される。他人のポストと異なり、右下にポストアクティビティ（ワザ27）のアイコンが表示される

❸他人のユーザー名
名前とユーザー名が表示される

❹他人のポスト
自分のポストとは、下に表示されるアイコンが異なる

HINT **自分と他人のポストを見分けやすくするには**

タイムラインには自分のポストもフォローしているユーザーのポストも同じように表示されます。無数のポストから自分のポストを見分けやすくするためには、なにかしら自分が見つけやすいプロフィールアイコンを設定しておくことが重要です。

タイムラインを手動で更新する

1 タイムラインの再読み込みを開始する

Xのホーム画面を表示しておく

❶ [フォロー中]をタップ

❷ タイムラインを上から下にドラッグ

❸ 指を離す

2 最新のタイムラインが表示された

タイムラインが更新されて、最新のポストが表示された

HINT 広告の表示について

Xのタイムラインには通常のポストに混じって、右上に「広告」（Androidでは左下に「プロモーション」）と書かれた広告ポストも表示されます。また、見たくない広告は非表示（ワザ74）にすると、以後似たタイプの広告があまり出ないようになります。

広告は「広告」（Androidでは左下に「プロモーション」）と表示される

1 基本

2 ポスト

3 フォロー

4 便利ワザ

5 配信

6 パソコン

7 X Premium

8 安全

9 管理

COLUMN

衝撃的な情報には慎重に……！

タイムラインには毎日本当にいろいろな情報が流れてきます。面白かったり役に立ったりする情報を見ると、ついフォロワーにもすぐに知らせようとリポストしてしまいそうになりますが、ちょっと待ってください。

Xに投稿される情報の発信源はさまざまで、その多くは報道機関ではなく一般のユーザーです。中には悪意を持って嘘の情報を流す人も残念ながら存在します。また、悪意はなくとも投稿者の思い込みや誤解の可能性も十分にあります。

特にポジティブ／ネガティブを問わず、インパクトのある情報はつい鵜呑みにして信じてしまいがちですが、正しくない情報をリポストしてしまうとデマの拡散になり多くの人に迷惑がかかります。特に健康に関するデマの場合、取り返しのつかないことになる可能性も十分にあります。

気になる情報を見つけたら、必ずポストの発信者を確認し、一次ソース（情報の発信源）を確認しましょう。自分でも検索サイトなどで調べ、信頼できる発信者による正しい情報だと確信した場合のみ拡散するといいでしょう。

第2章

投稿をポストして
交流しよう

最初のポストをしてみよう

準備が終わったらさっそくはじめてのポストをしてみましょう。内容はなんでも構いません。「今日はいい天気」でもいいのです。まずは思ったことを気軽につぶやいてみましょう。もしかしたらあなたのことに気付いた友達が返事をしてくれるかもしれませんよ。

第2章 投稿をポストして交流しよう

1 ポストの入力画面を表示する

ホーム画面を表示しておく

ここを**タップ**

2 ポストの文章を入力する

ポストの入力画面が表示された

ポストする文章を**入力**

HINT　Androidの場合は？

手順1の後、ポスト内容を選択する画面が表示されるので、［ポスト］のアイコンをタップします。

手順1の後、ポスト内容の選択画面が表示される

ここを**タップ**

3 ポストする

文章が入力された

[ポストする]を**タップ**

4 タイムラインを確認する

ポストした文章がタイムラインに
表示された

自分をフォローしているユーザーの
タイムラインにも同じ内容が表示さ
れる

1 基本

2 ポスト

3 フォロー

4 便利ワザ

5 配信

6 パソコン

7 X Premium

8 安全

9 管理

HINT　投稿時にさまざまな要素を追加できる

ポストの入力画面の下部には青い
アイコンがいくつか並んでいます。
これはポストに音声や、写真や動
画を挿入（ワザ12）したり、アン
ケート（ワザ17）や位置情報を入れ
たりするときに使用します。今回の
ように文字だけの投稿の場合は気
にしなくても構いません。

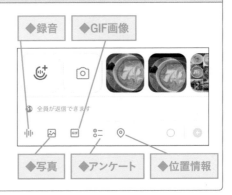

◆録音　◆GIF画像

◆写真　◆アンケート　◆位置情報

写真を付けてポストしよう

ポストには写真を4枚まで付けることができます。おいしい朝ごはんや美しい景色などいい写真が撮れたら一言添えてポストしてみましょう。写真はあらかじめ撮影しておいたものから選ぶことが基本ですが、スマートフォンのカメラでその場で撮影した写真を使うことも可能です。

1 写真の選択画面を表示する

ワザ11を参考に、ポストの
入力画面を表示しておく

ここではスマートフォンに保存されて
いる写真をポストする

ここを**タップ**

2 保存されている写真を表示する

保存されている写真の
一覧が表示された

ポストする写真を**タップ**

HINT その場で撮影するには

手順2の画面でカメラのアイコンをタップすると、カメラが起動しその場で写真を撮影できます。初回起動時にカメラへのアクセスを求める画面が表示された場合は、[OK]をタップして許可します。

3 写真をポストに添付する

写真が選択された

[追加する]を**タップ**

4 ポストする

写真が添付された

❶ ポストする
文章を**入力**

❷ [ポストする]
を**タップ**

5 タイムラインを確認する

写真付きのポストを投稿できた

1
基本

2
ポスト

3
フォロー

4
便利ワザ

5
配信

6
パソコン

7
X Premium

8
安全

9
管理

HINT 動画も投稿できる

手順2の画面で写真ではなく動画を選択すると、[動画を編集]画面が表示されます。この画面では動画の開始点と終了点を指定してトリミングを行うことができます。終わったら[完了]をタップして投稿完了です。最長2分20秒までの動画を投稿可能です。なお、X Premiumに登録するとさらに長時間（パソコンと iOSでは最大2時間まで、Androidは10分まで）の動画を投稿できます。

リプライで会話しよう

タイムラインで気になる話題を見つけたらリプライ（返信）機能を使って話しかけてみましょう。ただしリプライは基本的にすべてのユーザーが見ることができるので、一対一のコミュニケーションというわけではありません。マナーを守って会話を楽しみましょう。

第2章 投稿をポストして交流しよう

1 リプライを付けたいポストを表示する

リプライを付けたいポストをタイムラインに表示しておく

ポストを**タップ**

2 リプライの入力画面を表示する

[ポスト]画面が表示された

[返信をポスト]を**タップ**

HINT リプライの表示される範囲を覚えておこう

このワザではrin97suzukiがdaisuke15yokotaと会話をしています。このリプライは、両人ともフォローしている人のタイムラインにはすぐ表示されます。フォローしていない人でも、元のポストをタップすればリプライも表示できます。

1 基本

2 ポスト

3 フォロー

4 便利ワザ

5 配信

6 パソコン

7 X Premium

8 安全

9 管理

3 リプライの内容を入力する

リプライを入力できるようになった

❶返信内容を**入力**

❷[返信]を**タップ**

4 リプライが投稿される

元のポストの下に自分のリプライを投稿できた

HINT 「巻き込みリプライ」に注意しよう

リプライは返事を書いたことを相手に通知できる便利な機能ですが、関係ない人にまで通知が行ってしまうことがあります。これは「巻き込みリプライ」などと呼ばれあまり歓迎されません。リプライをするときは[返信先]に無関係なアカウントが入っていないかしっかり確認しましょう。また[返信先]をタップすると返信相手を選べます。

返信先が複数設定されている

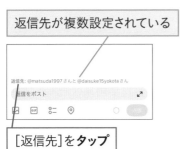

[返信先]を**タップ**

チェックマークをタップすると選択解除できる

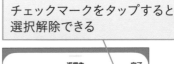

14

ユーザーを指定して呼びかけよう

特定のユーザーに呼びかけるポストをしたいときや、一緒にいる誰かを示したいときなどは、「@○○○（その人のユーザー名）」を付けて投稿してみましょう。これを「メンション」と呼びます。ポストの内容はメンションされたユーザーの［通知］画面に表示されるので、すぐに気付いてもらえます。

第2章 投稿をポストして交流しよう

1 ポストをはじめる

ワザ11を参考に、ポストの
入力画面を表示しておく

映画館を出たら

文章の後に半角
スペースを入力

2 ユーザーを指定する

文字が入力された

❶@に続けてユーザー名を
途中まで入力

ユーザーの候補が
表示される

❷目的のユーザーをタップ

HINT **メンションは半角スペースで区切りを入れよう**

メンションは、「文章」「半角スペース」「@ユーザー名」「半角スペース」「文章」のように、@ユーザー名の前後に半角スペースを入れます。なお手順2の画面で、入力中に表示されたユーザーの候補からメンションの相手を選択したときは、後ろの半角スペースが自動的に入力されます。

@ユーザー名と半角スペースが
自動的に入力された

ユーザーを指定して呼びかけながら
ポストできた

メンション（ここでは
「@daisuke15yokota」）を正
しく入力できている場合は
文字が青色になる

❶続きの文章を**入力**

❷［ポストする］を
タップ

1 基本

2 ポスト

3 フォロー

4 便利ワザ

5 配信

6 パソコン

7 X Premium

8 安全

9 管理

HINT **メンションを先頭に付けるとリプライになることに注意**

@ユーザー名をポストの先頭に記述したときは、その相手へのリプライ（ワザ13）と同じ扱いになります。リプライは、両人ともフォローしている人のタイムラインにしか表示されないので、自分のすべてのフォロワーに読んでもらうには、このワザの例のように文中にメンションを含めるようにしましょう。

15

ポストで交流する

共感したポストに「いいね」を付けよう

誰かのポストを読んで役に立ったり共感したりしたときは、ハートマークをタップして「いいね」を付けると、相手にも通知され気持ちを伝えることができます。自分のポストに対してポジティブな反応をもらうのはたいていの人にとってうれしいもの、積極的に使っていきましょう。

「いいね」を付ける

1 「いいね」を付ける

「いいね」を付けたいポストの[ポスト]画面を表示しておく

ハートのアイコンを**タップ**

2 「いいね」を付けられた

ハートのアイコンに色が付いて「いいね」を付けられた

再度ハートのアイコンをタップすると「いいね」を外せる

第2章 投稿をポストして交流しよう

自分が「いいね」を付けたポストを表示する

1 基本

2 ポスト

3 フォロー

4 便利ワザ

5 配信

6 パソコン

7 X Premium

8 安全

9 管理

1 「いいね」のポストを表示する

ワザ07を参考に、自分のプロフィール画面を表示しておく

[いいね]を**タップ**

2 「いいね」を付けたポストを確認できた

自分が「いいね」を付けたポストが表示された

HINT 「いいね」も世界中に公開される

ほかのユーザーが自分のプロフィール画面を表示して、上の手順と同様に[いいね]をタップすると、どんなポストに「いいね」しているか見ることができます。自分の「いいね」も公開されていて、誰からでも見られることに注意してください。内緒にしている趣味・嗜好に関係したポスト（たとえば好きなアイドルの画像など）をたくさん「いいね」していると、周りのフォロワーにはすっかり知られているということもあります。後から見返すための記録として使う場合は、ブックマーク（ワザ47）の利用も検討しましょう。

16

通知からリプライや「いいね」を確認しよう

自分のポストに対し誰かがリプライ（返信）をくれたり、「いいね」を付けたりすると、画面下部の［通知］アイコンに通知の件数が表示されます。アイコンをタップして［通知］画面を表示すると、その詳細を確認できます。また、新しいフォロワーが増えたときもこの画面に表示されます。

1 スマートフォンのホーム画面で通知が表示される

通知の件数（Androidでは●のみ）がアイコンに表示される

［X］を**タップ**

2 ［通知］画面を表示する

ここに通知の件数が表示される

ここを**タップ**

HINT ロック画面にも通知が表示される

通知はロック画面にも表示されます。タップするとすぐにXを起動できて便利です。

ロック画面の通知をタップすると、Xを起動できる

3 すべての通知を確認する

[通知]画面が表示された

自分宛ての「いいね」やリプライ、新規フォローなどが確認できる

[@ツイート]を**タップ**

4 リプライとメンションを確認する

自分宛ての@の付いたポストだけを確認できる

ここをタップすると、受け取る通知を細かく設定できる

<table>
</table>

HINT 通知は種類ごとにオン/オフできる

リアルタイムで届く通知を「プッシュ通知」と呼びます。反応をもらうのはうれしいものですが、あまり多すぎると負担に感じることもあるでしょう。[通知]画面の右上のアイコンをタップし、通知の設定画面で[設定]-[プッシュ通知]の順にタップすると、[プッシュ通知]画面が表示されます。[@ツイートと返信][リポスト][いいね]について、それぞれ個別に通知の有無を決められます。まずは「いいね」だけ通知を止めて、様子を見てみるのもいいでしょう。

ワザ75を参考に、[プッシュ通知]画面を表示しておく

通知のオン/オフを種類ごとに個別に設定できる

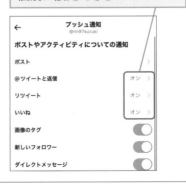

1 基本
2 ポスト
3 フォロー
4 便利ワザ
5 配信
6 パソコン
7 X Premium
8 安全
9 管理

17 ポストで交流する

アンケート機能を利用しよう

アンケート（投票）機能を使えば、質問と回答の選択肢、投票期間（締め切り）を設定するだけで、アンケートや人気投票を実施できます。選択肢は最大4つまで設定できます。アンケート結果には回答者の名前は表示されず、割合（パーセンテージ）だけがリアルタイムで表示されます。

第2章 投稿をポストして交流しよう

1 ポストにアンケートを追加する

ワザ11を参考に、ポストの入力画面を表示しておく

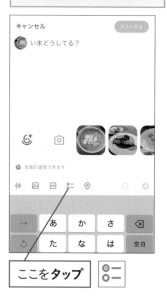

ここを**タップ**

2 アンケートの内容を入力する

質問と回答の選択肢を入力する画面が表示された

❶質問を入力

❷回答の選択肢を入力

❸ここを**タップ**

HINT 選択肢を増減できる

最初の状態で選択肢（回答）は2個表示されていますが、一番下の回答の ⊞ をタップしていくことで4つまで増やすことができます。選択肢の文字数は最大25文字です。また、右上の ⊗ をタップするとアンケート自体を取りやめることができます。

1 基本

2 ポスト

3 フォロー

4 便利ワザ

5 配信

6 パソコン

7 X Premium

8 安全

9 管理

3 投票期間を設定する

投票期間を設定する画面が
表示された

ここでは4時間に設定する

❶上下に**スワイプ**

❷ [ポストする]を**タップ**

4 アンケートを付けて ポストできた

アンケート付きのポストをタイム
ラインに投稿できた

●フォロワーの画面

選択肢がボタンとして表示される

HINT アンケートの集計結果がリアルタイムで表示される

アンケートを含むポストを投稿す
ると、途中経過がリアルタイムで棒
グラフで表示され、指定した投票
期間が終了すると最終結果が表示
され、以降投票はできなくなりま
す。

自分と投票者には途中経過が
表示される

ポストを拡散する

面白い話題を リポストで広めよう

リポスト（RP）の機能を使うと、ほかのユーザーのポストを自分で「再投稿」して、自分のフォロワーにも転送することができます。面白い話題や重要なニュースを友達に教えてあげたいときなどに便利です。自分のポストがリポストされたときは［通知］画面に表示されます。

1 リポストをはじめる

リポストするポストを
表示しておく

ここをタップ

2 リポストする

メニューが表示された

［リポスト］をタップ

3 リポストを確認する

リポストのアイコンに色が付いた

再度リポストのアイコンをタップすると、リポストを取り消せる

●フォロワーの画面

[（ユーザー名）さんがリポスト] と表示される

ポスト元のユーザーをフォローしていなくても、自分をフォローしているユーザーは、リポストしたポストが表示される

1 基本

2 ポスト

3 フォロー

4 便利ワザ

5 配信

6 パソコン

7 X Premium

8 安全

9 管理

HINT リポストは爆発的な速さで情報を広める

重要な話題や特に面白いポストは、フォローでつながった人のネットワークを通じて爆発的な速さで広まります。一方で、情報があっという間に広まることから、嘘や間違い、デマ情報が広まってしまうこともあります。衝撃的なポストはあわててリポストする前によく読んで考えたり関連情報を調べてみたりするといいでしょう。

リンク先を読まずにリポストしようとすると、警告が表示される

引用ポストでコメントしよう

リポスト（ワザ18）を行う際に、元のポストに自分のコメントを付け加えて投稿することができます。これは「引用ポスト」と呼ばれ、元のポストがそのまま再投稿されるリポストとは違い、ほかのユーザーのタイムラインにはあなたのポストとして表示されます。

第2章 投稿をポストして交流しよう

1 引用ポストをはじめる

引用したいポストを表示しておく

ここを**タップ**

2 ポストを引用する

メニューが表示された

[引用]を**タップ**

3　ポストが引用された

ポストの入力画面が表示された

ポストがユーザー名を含めて
自動的に引用された

4　自分のコメントを追加して
　　ポストする

❶自分のコメント
を**入力**

❷［ポストす
る］を**タップ**

5　引用ポストをタイムラインに
　　投稿できた

引用元のポストが囲みで
表示される

引用元のポストのユーザーには
引用されたことが通知される

●フォロワーの画面

フォロワーにも、引用元の
ポストが表示される

1 基本

2 ポスト

3 フォロー

4 便利ワザ

5 配信

6 パソコン

7 X Premium

8 安全

9 管理

気になる記事をシェアしよう

ニュースサイトやブログなどで気になる記事を見つけたら、シェア（共有）機能を使ってXの友達に教えてあげましょう。Webサイトにシェアボタンが付いていれば、タップするだけでわざわざXアプリを起動しなくても簡単にポストすることができます。

第2章 投稿をポストして交流しよう

1 記事のシェアをはじめる

Webブラウザー（ここでは [Safari]）でシェアしたい記事を表示しておく

ここでは、記事へのリンクを付けてポストする

ここ（Androidでは ⋮ → [共有]）を**タップ**

2 ポストの入力画面を表示する

メニューが表示された

[X]（Androidでは [ポスト]）を**タップ**

3 記事へのリンクが追加された

ポストの入力画面が表示された

記事へのリンクが自動的に
添付された

4 リンク付きのポストをする

❶自分のコメントを入力

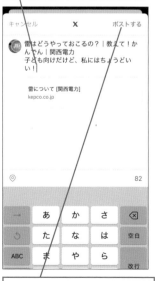

❷[ポストする]を**タップ**

5 リンク付きのポストを
タイムラインに投稿できた

記事へのリンクがXカードとして
表示されている

リンクをタップすると、記事の
ページを開くことができる

HINT　Androidの場合

Androidで記事をシェアしたい場
合も、Webブラウザー（Chrome）
を使います。画面右上のアイコ
ンをタップして、表示されるメ
ニューから[共有]をタップする
と、手順2と同様の画面が表示
されるので、以下同様に操作し
ます。

ここをタップする

1 基本

2 ポスト

3 フォロー

4 便利ワザ

5 配信

6 パソコン

7 X Premium

8 安全

9 管理

21

ダイレクトメッセージ

個人的なメッセージを送ろう

X上でのやりとりは基本的にすべてのユーザーに見られてしまいます。プライベートな情報を含む会話など、個人的なやりとりをしたいときはダイレクトメッセージ（DM）機能を使いましょう。電子メールやLINEなどのメッセージングアプリと同じように簡単に利用することができます。

1 フォロワーの一覧を表示する

ワザ07を参考に、自分のプロフィール画面を表示しておく

［フォロワー］を**タップ**

2 メッセージを送りたいユーザーを選択する

フォロワーの一覧が表示された

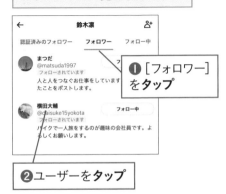

❶［フォロワー］を**タップ**

❷ユーザーを**タップ**

HINT グループで会話するには

複数人のフォロワーとグループで会話することもできます。68ページの手順2を参考に、［メッセージ］画面から［新しいメッセージ］画面を表示すると、会話したいユーザーを一覧から選択するか検索して追加できます。右上の［次へ］をタップすると会話を開始できます。

招待するフォロワーを名前などで検索し、タップしてメンバーに追加する

複数人と会議のようにしてメッセージをやりとりできる

3 メッセージを送りはじめる

相手のプロフィール画面が
表示された

ここを**タップ**

4 メッセージの内容を入力する

メッセージの送信画面が表示された

ここをタップすると、写真
やGIF画像を添付できる

[メッセージを作成]を**タップ**

5 メッセージを送信する

❶メッセージの
文章を**入力**

❷ここを
タップ

6 メッセージが送信できた

送信したメッセージの内容が
表示された

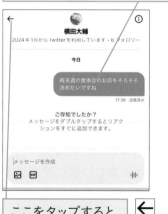

ここをタップすると、
手順3の画面に戻る

1 基本

2 ポスト

3 フォロー

4 便利ワザ

5 配信

6 パソコン

7 X Premium

8 安全

9 管理

22

ダイレクトメッセージ

受け取ったメッセージを 確認しよう

誰かからメッセージが届くと、通知とともにホーム画面右下にあるメッセージのアイコンに届いたメッセージの数が表示されます。アイコンをタップすることでメッセージの一覧画面が開き、届いているメッセージがすべて表示されます。読みたいメッセージをタップすることで開くことができます。

1 メッセージを表示する

ホーム画面を表示しておく

未読メッセージの件数が
アイコンに表示される

ここを**タップ**

HINT 特定の会話をトップに 固定できる

手順2の［メッセージ］画面では会話が上から新しい順に表示されます。よく会話する相手やグループはロングタッチして［会話を固定］をタップすると、トップに固定表示できます。

2 メッセージを確認する

［メッセージ］画面が表示された

相手のメッセージを**タップ**

ここをタップすると、複数の宛先を選んでメッセージを送信できる（66ページのHINTを参照）

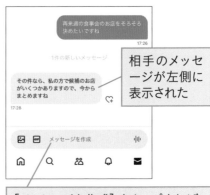

相手のメッセージが左側に表示された

［メッセージを作成］をタップすれば、メッセージで返信できる

23

ポストを管理する

連続したポストは
スレッドでまとめよう

Xでは1つのポストに全角140字の文字数制限があります。それを超える長文を投稿したい場合は、複数のポストを連続して表示できるスレッド形式で投稿しましょう。スレッド形式で投稿すると、前後のポストがつながって表示されるので、順番どおりに続けて読んでもらえます。

1 基本

2 ポスト

3 フォロー

4 便利ワザ

5 配信

6 パソコン

7 X Premium

8 安全

9 管理

スレッド機能で連続ポストする

1 次のポストの入力画面を表示する

ワザ11を参考に、ポストの入力画面を表示しておく

❶1つめのポストの文章を**入力**

❷ここを**タップ**

2 次のポストの入力画面が表示された

1つめのポストにつなげてポストを入力する画面が表示された

前のポストをタップすると、内容を修正できる

ここをタップすると、連続ポストを取り消すことができる

次のページに続く⟶

3 ポストの続きを入力する

続きの文章を**入力**

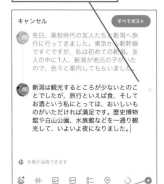

ポストをさらにつなげる場合は、ここをタップする

4 まとめてポストする

連続ポストを最後まで入力できた

[すべてポスト]を**タップ**

5 タイムラインを確認する

連続ポストをタイムラインに投稿できた

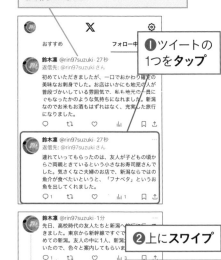

❶ツイートの1つを**タップ**

❷上に**スワイプ**

連続ツイートは、線でつながっている

[別のポストを追加]から、さらに続きを入力できる

HINT どんな長文でもOK？

スレッド形式のポストは140文字の制限が実質的になくなるので、本来ならブログに載せるようなボリュームの文章もXに投稿できます。とはいえ、あまりに長いものは読んでもらえませんので注意しましょう。

24

ポストを管理する

ポストを削除しよう

投稿したポストは後から修正することができません。その場合、一度削除してから投稿し直すという形になります。削除を行うとそのポストに付いた「いいね」やリポストは見えなくなってしまいます。あまり好ましいことではないので、普段から送信前に内容をよく確認するようにしましょう。

1 基本

2 ポスト

3 フォロー

4 便利ワザ

5 配信

6 パソコン

7 X Premium

8 安全

9 管理

1 ポストの削除をはじめる

削除するポストを表示しておく

ここ（Androidでは ⋮ ）を**タップ**

⋯

2 メニューからポストの削除を選択する

メニューが表示された

[ポストを削除] を**タップ**

3 ポストを削除する

確認メッセージが表示された

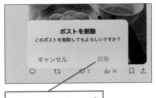

[削除]を**タップ**

4 ポストが削除された

ポストが削除され、タイムラインに表示されなくなった

ポストを管理する

ポストをプロフィールに 固定しよう

自分のプロフィールページにはポストが最新のものから順番に表示されますが、過去に「バズった」人気のポストや、自分が気に入っているポストを一番目立つ場所である一番上に固定して表示することもできます。自己紹介を補足したり、ほかのページやSNSに誘導する目的などに自由に利用できます。

1 自分のプロフィールに固定する ポストを選択する

自分のプロフィールに固定したいポストを表示しておく

ここ（Androidでは □ ）を **タップ**

2 メニューからプロフィールの 固定を選択する

メニューが表示された

[プロフィールに固定する]（Androidでは［プロフィールに固定表示する]）を **タップ**

3 ポストをプロフィールに 固定する

確認メッセージが表示された

[固定する]を **タップ**

4 ポストが自分のプロフィールに 固定された

ワザ07を参考に、自分のプロフィール画面を表示する

ポストがトップに固定されている

26

ポストを管理する

下書きを保存しておこう

途中まで書いたポストは、その場でポストせずに下書きとして保存しておくこと
も可能です。保存した下書きはいつでも書き直して、それをもとにポストできま
す。アイデアを下書きに溜めておき、後から文章を練り上げることもできるので
す。なお、投稿に使われた下書きは自動的に削除されます。

ポストの下書きを保存する

1 ポストの入力を中断する

ワザ11を参考に、ポストの入
力画面を表示しておく

❶文章を入力

❷[キャンセル]をタップ

2 ポストの下書きを保存する

メニューが表示された

[下書きを保存]をタップ

入力した内容が下書きとして
保存され、ホーム画面に戻る

次のページに続く⟶

保存した下書きからポストする

1 [下書き]画面を表示する

ワザ11を参考に、ポストの入
力画面を表示しておく

[下書き]を**タップ**

2 下書きを選択する

保存されている下書きの一覧が
表示された

入力を再開する下書きを**タップ**

3 下書きの続きから入力を再開する

ポストの入力画面に下書きの内
容が表示された

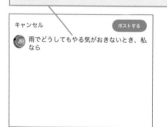

4 ポストする

❶ 続きの文章
を**入力**

❷ [ポストする]を
タップ

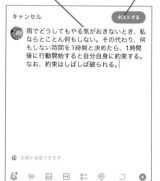

5 下書きからポストできた

タイムラインにポストが表
示された

ポストへの反応を確認しよう

「ポストアクティビティ」の機能では、自分のポストへの反応をデータで見ることができます。そのポストが見られた回数を示す「インプレッション」と、「いいね」やリポスト、リプライなどの反応を示す「エンゲージメント」が主な指標です。

1 ポストアクティビティを表示する

ポストアクティビティを確認したいポストの [ポスト]画面を表示しておく

[アナリティクスを表示]
（Androidでは [ポストアクティビティを表示]）を**タップ**

2 ポストアクティビティを確認する

[ポストアクティビティ] 画面が表示された

ポストアクティビティ

鈴木凛 @rin97suzuki · 1月12日
階段きつかった....。

♡ 2   ⇄ 0   ○ 2

インプレッション数 ⓘ
26

エンゲージメント ⓘ   詳細のクリック数 ⓘ
5   **0**

新しいフォロワー数 ⓘ   プロフィールへのアクセス数 ⓘ
0   **0**

COLUMN

バズってしまったらどうしよう？

あるポストが短期間に何度もリポストされることで多くの人に注目されることを「バズる」と表現します。

明確な基準はありませんが、個人アカウントなら1,000RP、企業や有名人のアカウントなら10,000RPを超えていたらバズっていると言ってもいいでしょう。

もし自分のポストがバズったらフォロワーを増やす大チャンスです。そのまま放置せず、はじめてあなたのアカウントを見た人がフォローしたくなるように、プロフィール画面（ワザ07）や固定ポスト（ワザ25）の内容を見直しましょう。また、ワザ23を参考に、バズったポストにスレッド形式で宣伝や自己アピールを追加しておくのもいいでしょう。

とは言え「バズる」ことは必ずしもいいことばかりではありません。多くの人の目に触れると、少なからず悪意のあるコメントやメッセージが来ることがあります。これらを避けたい場合は、ワザ70を参考に、返信をできる相手をフォローしているアカウントと自分が＠でリプライした相手のみに制限するといいでしょう。

いずれにせよバズっている間は驚くほどの通知が届きます。すべてチェックする余裕がないときは、ワザ75を参考に一時的にXのプッシュ通知を切ってしまいましょう。

第 3 章

フォローを整理して
情報収集に役立てよう

フォローする

好みのユーザーを
フォローしていこう

Xはだれでもアカウントを持てるサービスです。世界中の有名人や一般人、企業や官公庁まで、さまざまな人々や団体が参加しています。政治家や活動家のポストから世界にムーブメントが広がったり、株価が変動することも少なくありません。気になるユーザーをフォローして楽しみましょう。

第3章
フォローを整理して情報収集に役立てよう

Xでフォローできる相手の種類

Xでは、誰をフォローするかによって楽しみ方が変わってきます。たとえば好きな芸能人や有名人をフォローすれば、日常や意外な一面を垣間見ることができ、より身近な存在として感じられるようになるでしょう。好きなブランドやお店をフォローすれば、魅力的な製品の情報が届きます。速報性の高さもXの特徴です。ニュースや報道系のアカウントをフォローすれば、最新ニュースを知ることができます。気になったアカウントがあればまずは気軽にフォローして、楽しいタイムラインを作りましょう。

著名人のアカウント

企業のアカウント

官公庁のアカウント

ニュースのアカウント

ラベルとチェックマークでアカウントの種類がわかる

名前の隣にマークが表示されているアカウントがあります。マークはアカウント
の種類を表しており、フォローすべきかどうか判断する目安になります。

青いチェックマーク

有料のX Premiumに加入し、Xの資格基準を満たしたアカウントに表示される

グレーのチェックマーク

政府や自治体などの行政機関や大使館、その関係者であることを表す

金色のチェックマーク

Xの審査を受けて認証済みの企業・組織であることを表し、プロフィール画像は四角形になる

HINT　アカウントの見分け方

Xは誰でもアカウントを作ることができるため、有名人やブランドに成りすました偽アカウントも存在します。ここで紹介したチェックマーク以外にも、フォロワー数やアカウントが作成された時期、過去の投稿履歴などが真偽を判断する目安になります。

1 基本

2 ポスト

3 フォロー

4 便利ワザ

5 配信

6 パソコン

7 X Premium

8 安全

9 管理

フォローする

「おすすめユーザー」を
フォローしよう

Xには、個人のX利用傾向から「おすすめユーザー」を自動的に選択し、表示する機能があります。フォローしているアカウントに関係のあるアカウントや、あなたと同じ地域の情報を発信しているアカウントなどが選ばれます。フォローすべき人を効率よく見つけるのに便利です。

第3章 フォローを整理して情報収集に役立てよう

1 メニュー画面を表示する

ホーム画面を表示しておく

プロフィール画像を**タップ**

2 自分のプロフィール画面を表示する

メニュー画面が表示された

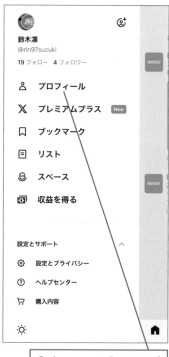

[プロフィール]を**タップ**

1 基本

2 ポスト

3 フォロー

4 便利ワザ

5 配信

6 パソコン

7 X Premium

8 安全

9 管理

3 [Who to follow]を表示する

自分のプロフィール画面が
表示された

鈴木凛
@rin97suzuki

カフェやキャンプが大好きです。よろしくお願いします。

◎ 東京都新宿区 2024年1月から Twitter を利用しています

19 フォロー中 **4** フォロワー

ポスト　返信　ハイライト　メディア　いいね

📌 固定
鈴木凛 @rin97suzuki · 16時間 …
今更かもしれませんが、習字教室に通おうと思い
立ちました。どなたかこの教室がいいよ、という
のをご存知でしたらぜひ教えてください

画面を上に
スワイプ

4 [おすすめユーザー]画面を表示する

[Who to follow]が表示された

鈴木凛
16件のポスト

ポスト　返信　ハイライト　メディア　いいね

調整する

🔘 36

Who to follow

日経電子版… ◎ 📵　　　　フォローする
@nikkei_business
日本経済新聞 電子版「ビジネス」カ
テゴリーの公式アカウントです。
◎ 日経済新聞 電子版（日経電子版）
さんがフォローしています

日経トレンディ
@Nikkei_TRE
月刊誌「日経
カウントです。

さらに表示

🔁 あなたがリポストしました
Car Watch ◎ @car_watch · 2日
【速報】ホンダ、6速MTの「シビック RS」プロ
トタイプ公開 2024年秋発売予定
car.watch.impress.co.jp/docs/event_rep…
#honda

[さらに表示]を
タップ

5 おすすめユーザーをフォローする

[おすすめユーザー]画面が
表示された

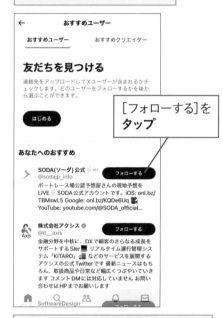

おすすめユーザー

おすすめユーザー　　　おすすめクリエイター

友だちを見つける

連絡先をアップロードしてXユーザーが含まれるかチェックします。どのユーザーをフォローするかを後から選ぶことができます。

はじめる

あなたへのおすすめ

⚡ SODA(ソーダ)公式 ⚡ … 　フォローする
@sodajp_info
ボートレース場公認予想屋さんの現地予想を
LIVE ⚡ SODA公式アカウントです。iOS: onl.bz/
TBMswL5 Google: onl.bz/KQDe6Uq 📧
YouTube: youtube.com/@SODA_official…

Axis 株式会社アクシス ◎ 　　フォローする
@it__axis
金融分野を中核に、DXで顧客のさらなる成長を
サポートするSIer📗 リアルタイム運行管理シス
テム「KITARO」🚙 などのサービスを展開する
アクシスの公式Twitterです 最新ニュースはもち
ろん、取扱商品や日常など幅広くつぶやいていき
ます コメント DM には対応していません お問い
合わせは HP までお願いします

SoftwareDesign

[フォローする]を
タップ

おすすめユーザーをフォローできる

HINT　アドレス帳の連絡先で知り合いを見つける

スマートフォンのアドレス帳を同期すると、おすすめに知り合いが表示されます。ワザ05（30ページ）の［設定］画面で［プライバシーと安全］-［見つけやすさと連絡先］を順にタップし、［アドレス帳の連絡先を同期］をオンにします。アドレス帳にいる全員とはつながりたくないときには、オフにしておきましょう。

30

キーワード検索で探してみよう

Xを楽しむには、自分にとって面白く、役に立つ情報を発信しているアカウントをたくさんフォローすることがポイントです。検索機能を使って、新たなアカウントを見つけていきましょう。興味のあるキーワードや名前で検索すると、関連のあるアカウントを表示することができます。

第3章 フォローを整理して情報収集に役立てよう

1 検索画面を表示する

ホーム画面を表示しておく

ここを**タップ**

2 キーワードで検索をはじめる

検索画面が表示された

最近よく使われているキーワードやハッシュタグ、おすすめユーザー(ワザ29)が表示される

[検索](Androidでは[Xを検索])を**タップ**

❶検索したい語句（キーワード）を**入力**

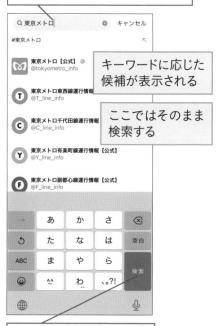

キーワードに応じた候補が表示される

ここではそのまま検索する

❷ [検索]（Androidでは虫眼鏡アイコン）を**タップ**

ポストの検索結果が表示された

ユーザー名をタップすると、プロフィール画面を表示できる（ワザ32）

画面上部の [ユーザー]をタップすると、名前やプロフィールにキーワードを含むユーザーが一覧できる

1 基本

2 ポスト

3 フォロー

4 便利ワザ

5 配信

6 パソコン

7 X Premium

8 安全

9 管理

HINT 検索結果の[話題]と[最新]を使い分けよう

検索結果の上部にある [話題]（Androidでは [話題のツイート]）と [最新]を切り替えると、表示されるポストが変わります。 [話題]を選ぶと、多くの人がリポストしたり返信したりしているポストなど、検索内容との関連性が高いポストが表示されます。ただし、必ずしも新しい情報が表示されているとは限りません。検索内容との関連があまり高くなくても、キーワードにマッチするより新しいポストを知りたいときには、 [最新]をタップして切り替えてください。

フォローする

アカウント名からフォローしよう

友達や知り合いから「このアカウントをフォローして」と頼まれたことはありませんか? 　相手のアカウント名がわかっているときは、アカウント名を検索してフォローしてみましょう。名前やキーワードで検索するよりも、確実に本人をフォローすることができます。

第3章

フォローを整理して情報収集に役立てよう

1 アカウント名で検索をはじめる

ワザ30を参考に、検索画面を表示しておく

[検索] (Androidでは [Xを検索])を**タップ**

2 アカウント名を入力する

検索画面が表示された

❶「@」と入力

❷続けてアカウント名を入力

❸アカウント名を**タップ**

検索結果が表示された

3 選択したアカウントのプロフィール画面が表示された

[フォローする]をタップすると、フォローできる

32

フォローする

相手のプロフィール画面を確認しよう

Xには、フェイクニュースの拡散が目的だったり攻撃的だったりと、問題のあるアカウントも存在します。プロフィール画面を確認して、安全かどうかを確かめてからフォローするようにしましょう。フォロワー数や過去のポスト、そのアカウントが付けている「いいね」なども判断の参考になります。

特定のユーザーのプロフィール画面を表示する

1 フォローする候補を探す

おすすめユーザー（ワザ29）や検索結果（ワザ30）の一覧から、フォローする候補を見つけられる

ここではワザ30を参考に、「山と渓谷」の検索結果を表示しておく

［ユーザー］をタップすると、ユーザーの候補だけが表示される

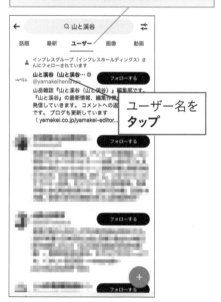

ユーザー名をタップ

2 選択したユーザーのプロフィールを確認する

選択したユーザーのプロフィール画面が表示された

ユーザーのタイムラインで、ポストの内容を確認できる

問題がなければ、［フォローする］をタップしてフォローする

1 基本

2 ポスト

3 フォロー

4 便利ワザ

5 配信

6 パソコン

7 X Premium

8 安全

9 管理

33

フォローする

ほかのユーザーのメディアや「いいね」を表示しよう

タイムラインでかわいい動物写真やおもしろ映像を見かけたら、過去の投稿も追ってみたくなりませんか？ 投稿したユーザーのプロフィール画面から、写真や動画が付いた投稿だけをまとめて見ることができます。そのユーザーが［いいね］をしたポストを表示することも可能です。

第3章 フォローを整理して情報収集に役立てよう

1 選択したユーザーのメディアを表示する

前ページを参考に、確認したいユーザーのプロフィール画面を表示しておく

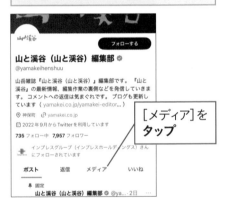

［メディア］をタップ

2 選択したユーザーの「いいね」を表示する

［メディア］画面が表示された

［いいね］をタップ

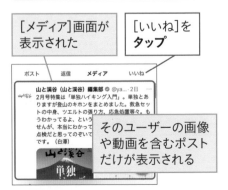

そのユーザーの画像や動画を含むポストだけが表示される

3 選択したユーザーの「いいね」が表示された

［いいね］画面が表示された

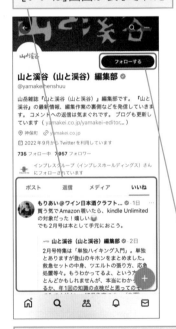

問題がなければ、画面右上の［フォローする］をタップしてフォローする

34

フォローする

ポストに反応している人から
探そう

タイムライン上のポストをタップすると詳細画面が表示され、そのポストにリプライしている人や、そのポストをリポストしている人の一覧を見ることができます。同じ話題に興味を持っている人のアカウントを見つけたり、引用ポストをまとめて読んだりするのにも役立ちます。

ポストへのリプライを確認する

1 ポストを選択する

ホーム画面を表示しておく

リプライを確認するポストを**タップ**

2 リプライを確認する

［ポスト］画面が表示された

リプライが表示された

次のページに続く→

リポストや「いいね」をしたユーザーを確認する

第
3
章

フォローを整理して情報収集に役立てよう

1 リポストした ユーザーの一覧を表示する

[ポスト]画面を表示しておく

[(件数)件のリポスト]を **タップ**

2 [ポスト]画面に戻る

リポストしたユーザーの一覧が 表示された

[フォローする]をタップすると、 フォローできる

ここを **タップ** ←

3 「いいね」をした ユーザーの一覧を表示する

[ポスト]画面に戻った

❶ [(件数)件のいいね]を **タップ**

[いいね]をしたユーザーの一覧が 表示された

[フォローする]をタップすると、 フォローできる

❷ここを **タップ** ←

[ポスト]画面が表示される

35

X

フォロー／フォロワーを管理する

フォローしたアカウントの
ポストを見よう

タイムラインの表示形式には「おすすめ」と「フォロー中」の2種類があります。
「フォロー中」に切り替えると、フォローしたアカウントのポストとリポストが、
最近のものから順に表示されます。ほかに広告ポストも表示されます。フォロー
したアカウントのポストを見逃したくないときに役立ちます。

1 フォローしているアカウントの ポストだけを表示する

ホーム画面を表示しておく

❶ [おすすめ]を**タップ**

おすすめのポストが
表示された

❷ [フォロー中]
を**タップ**

2 再び [おすすめ]を表示する

フォローしているアカウントの
ポストだけが表示された

[おすすめ]を**タップ**

手順1の画面が
表示される

1
基本

2
ポスト

3
フォロー

4
便利ワザ

5
配信

6
パソコン

7
X Premium

8
安全

9
管理

フォロー／フォロワーを管理する

フォロー／フォロワーを
確認しよう

自分がフォローしている／されているアカウントの数は、プロフィール画面で確認できます。フォローされているアカウント（フォロワー）の一覧には、自分がそのアカウントをフォローしているかどうかも表示され、その場でフォローバックすることも可能です。

第3章　フォローを整理して情報収集に役立てよう

1 フォロー、フォロワーの人数を確認する

ワザ07を参考に、自分のプロフィール画面を表示しておく

フォロー、フォロワーの人数が数字で表示されている

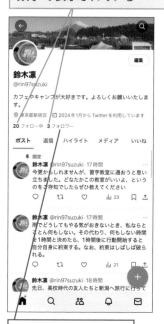

[フォロワー]を**タップ**

2 自分のフォロワーを確認する

フォロワーの一覧が表示された

自分がフォローしているユーザーは[フォロー中]と表示される

[フォロワー]をタップ

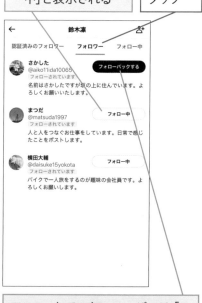

フォローしていないユーザーは[フォローバックする]と表示される

[フォローバックする]をタップするとフォローできる

37

フォロー／フォロワーを管理する

フォローを解除しよう

ポストの内容に興味が持てなかったり、不快に感じたりしたときは、フォローを解除するのもいいでしょう。それ以降タイムラインには表示されなくなります。なお、フォローを解除しても相手には通知されません。ただし相手があなたのプロフィールを確認すれば、フォローしていないことがわかります。

1 フォローの一覧を表示する

ワザ07を参考に、自分のプロフィール画面を表示しておく

[フォロー中]（Androidは[フォロー]）を**タップ**

2 フォローの解除をはじめる

フォローの一覧が表示された

フォローを解除したいユーザーの[フォロー中]を**タップ**

3 フォローを解除する

メニューが表示される

[（ユーザー名）さんのフォローを解除]を**タップ**

Androidではすぐにフォローが解除される

4 フォローを解除できた

[フォローする]に表示が変わった

フォローが解除された

1 基本

2 ポスト

3 フォロー

4 便利ワザ

5 配信

6 パソコン

7 X Premium

8 安全

9 管理

COLUMN

世界で最も多くのフォロワーを持つアカウントは？

世界で最も多くのフォロワーを持つアカウントは誰でしょうか。Xの検索機能を使って調べることはできませんが、フォロワー数を調査してランキングを投稿しているアカウントが参考になります。いくつかのアカウントを調べてみましたが、個人アカウントのトップは次のアカウントで間違いなさそうです。カッコ内はフォロワー数です。

［世界］
1. イーロン・マスク（1.7億）
2. バラク・オバマ（1.3億）
3. ジャスティン・ビーバー（1.1億）
4. クリスティアーノ・ロナウド（1.1億）
5. リアーナ（1億）

［日本］
1. 前澤友作（1千万）
2. 松本人志（930万）
3. 有吉弘行（770万）

多くのフォロワーを持つ国内外のアカウント

第4章

便利な機能を使いこなそう

38

便利な機能

気になるアカウントは通知されるようにしよう

フォローしているアカウントの中で特に気になるものがあれば、「アカウント通知」の機能をオンにしておきましょう。わざわざアプリを立ち上げて確認しなくても、新しくポストされるたびにお知らせが届きます。いち早くポストを確認することができ、見逃すこともなくなります。

第4章　便利な機能を使いこなそう

1 通知を設定するアカウントのプロフィール画面を表示する

ホーム画面を表示しておく

通知を受け取りたいアカウントの
プロフィール画像を**タップ**

2 通知の設定をはじめる

相手のプロフィール画面が
表示された

ここを**タップ**

3 通知を設定する

メニューが表示された

[すべてのポスト]を**タップ**

4 通知を設定できた

Androidの場合は、画面の上部に
[新しいポストの通知を受け取り
ます。]と表示される

通知が設定され、アイコン
の表示が変わった

通知をオフにする場合は、もう一度
ここをタップして[なし](Androidで
は[オフ])をタップする

5 通知を確認する

通知を設定したアカウントが
ポストすると通知が届く

HINT　通知の設定をしよう

手順3では、どんなときに通知
を受け取るのか設定すること
ができます。必要に応じて設定しま
しょう。

1 基本

2 ポスト

3 フォロー

4 便利ワザ

5 配信

6 パソコン

7 X Premium

8 安全

9 管理

39

写真を拡大して見よう

タイムライン上に表示された写真をもっとよく見たい場合は、写真をタップしてみましょう。スマートフォンの画面の幅いっぱいのサイズに表示して見ることができます。さらにピンチアウトとピンチインもできるため、写真の一部分を拡大して見ることもできます。

第4章 便利な機能を使いこなそう

1 [ポスト]画面を表示する

ホーム画面を表示しておく

大きく見たい画像のポストを**タップ**

2 画像を大きく表示する

[ポスト]画面が表示された

大きく見たい画像を**タップ**

画像が大きく表示された

次の画像が
表示された

右にスワイプすると、
前の画像に戻れる

画面を左に
スワイプ

ここ（Androidでは←）を
タップすると、［ポスト］
画面に戻る

HINT　ポストされた画像を保存する

ポストされた画像をスマートフォン
に保存することができます。手
順3の画面で画像をロングタッチ
し、［写真を保存］をタップします
（Androidでは画面右上の：をタッ
プし、［保存］をタップ）。保存し
た画像は個人的に見るだけにとどめ
ましょう。もともと投稿した人に無
断でポストするのは避けましょう。
著作権法に違反する可能性がありま
す。

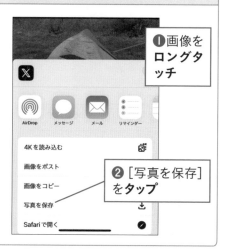

❶画像を
**ロングタ
ッチ**

4Kを読み込む

画像をポスト

画像をコピー　　　❷［写真を保存］
　　　　　　　　　　をタップ
写真を保存

Safariで開く

40

便利な機能

写真に写っているものを
タグ付けしよう

写真を投稿するときに、その写真と関係のある人のXアカウントも一緒に載せる機能を「タグ付け」とよびます。タグ付けされた人の名前は写真の下に表示され、タップするとその人のアカウントが表示されます。ただし、タグ付けを制限しているアカウントはタグ付けできません。

1 タグ付けをはじめる

ワザ12を参考に、画像を添付して文章を入力しておく

[ユーザーをタグ付け]を**タップ**

2 タグ付けするアカウントを検索する

[タグ付けする]（Androidは[ユーザーをタグ付け]）画面が表示された

❶タグ付けするアカウントのユーザー名を**入力**

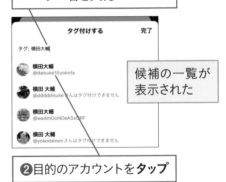

候補の一覧が表示された

❷目的のアカウントを**タップ**

HINT アカウント名の候補

手順2で表示される候補の一覧には、入力した文字を含むユーザー名を持つアカウントがすべて表示されます。

3 タグ付けを完了する

選択したアカウントが
タグに追加された

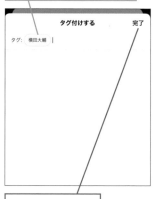

タグ付けする　　　　完了

タグ: 横田大輔 |

[完了]を**タップ**

4 ポストする

選択したアカウン
トが画像にタグ付
けされた

[ポストする]
を**タップ**

キャンセル　　　　　　ポストする

食べ切れるかな…。|

+ALT

👤 横田大輔

全員が"返信できます

5 画像にタグ付けして ポストできた

タイムラインにポストが表示された

画像の下にタグ付けされた
ユーザーが表示されている

X

おすすめ　　　　**フォロー中**

鈴木凛 @rin97suzuki・1秒
食べ切れるかな…。

横田大輔

ロイター ビジネス @ReutersJapanBiz・2分 …
世界のCEO、自社の長期的存続懸念 AI・気
候リスク高まりで

WORLD ECONOMIC FORUM
Annual Meeting
Davos 2024
jp.reuters.com

横田大輔

HINT 他人にタグ付け されたくないときは

ワザ69を参考に［オーディエン
スとタグ付け］画面を表示して
［自分を画像にタグ付けすること
を許可］をタップします。オフを
選ぶと誰もタグ付けできなくな
り、オンにして［フォロー中のア
カウントのみ］を選ぶとあなたが
フォローしている人のみがタグ付
けできるようになります。

---

1 基本

2 ポスト

3 フォロー

4 便利ワザ

5 配信

6 パソコン

7 X Premium

8 安全

9 管理

検索したポストを絞り込もう

ワザ30では検索方法を紹介しましたが、該当するポストが多すぎて、思ったような結果が得られないことがあるかもしれません。そんなときは、検索結果の絞り込みをしてみましょう。多くの人が話題にしているポストや、フォローしているユーザーのポストなどの条件で絞り込むことができます。

フィルターを使用する

1 検索結果にフィルターを適用する

| ワザ30を参考に、キーワードで検索しておく | ここでは自分のフォロー相手に絞り込む |

❶ここを**タップ**

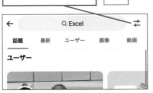

[検索フィルター]画面が表示された

❷ [フォロー中のユーザーのみ]を**タップ**

❸ [適用] (Androidでは[適用する])を**タップ**

2 フィルターが適用された

検索結果にフィルターが適用された

[最新]を**タップ**

自分がフォローしているユーザーの結果のみが表示されている

画像や動画付きのポストのみを検索する

1 基本
2 ポスト
3 フォロー
4 便利ワザ
5 配信
6 パソコン
7 X Premium
8 安全
9 管理

1 検索結果を画像付きのポストのみに絞り込む

ワザ30を参考に、キーワードで検索しておく

ここでは「チョコレート」で検索した

[画像]を**タップ**

2 検索結果を動画付きのポストのみに絞り込む

画像付きのポストのみの検索結果が表示された

[動画]を**タップ**

3 検索結果が絞り込まれた

動画付きのポストのみの検索結果が表示された

HINT Androidの場合は?

手順1の画面で[メディア]をタップすると、画像と動画付きのポストのみの検索結果が表示されます。

[メディア]を**タップ**

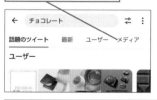

画像や動画付きのポストのみの検索結果が表示される

話題の共有

ハッシュタグで話題を共有しよう

先頭に「#」を付けたキーワードのことを「ハッシュタグ」と呼びます。ハッシュタグをタップすると、同じハッシュタグがついたポストが一覧で表示されるので、同じテーマに興味を持つ人同士がつながりやすくなります。テレビやラジオ番組などのお便り募集や、懸賞の際にも使われる機能です。

ハッシュタグの仕組み

キーワードの先頭にハッシュ記号（#）を付けるとハッシュタグとして認識され、検索用キーワードとして機能します。#の前には半角スペースが必要です。特に複数のハッシュタグを付けるときには気を付けましょう。#は、入力モードを半角英数字にしてキーボードから入力します。シャープ（♯）とは違うので気を付けましょう。

●ハッシュタグの入力方法

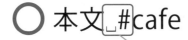

○ 本文␣#cafe

半角スペースと半角のハッシュ記号（#）を付ける

✕ 本文#cafe

半角スペースで区切っていない

✕ 本文␣♯cafe

シャープ（♯）を付けてしまっている

「#」のついたキーワード（ハッシュタグ）をタップすると、同じハッシュタグの付いたポストを一覧できる

← ポスト

できるもん@インプレス
@dekirumonn

お休みの日にガレットを食べたんだもん！
ほんのり甘くて美味しかったんだもん✨
#カフェ #ガレット #スイーツ

22:01・2023/12/04 場所: Earth・73回表示

4件のいいね

返信をポスト

ハッシュタグを付けてポストする

1 ポストにハッシュタグを入力する

ワザ11を参考に、ポストの入力画面を表示しておく

❶ 本文を入力

❷ 半角スペースを入力

❸「#」とキーワードを入力

ハッシュタグを途中まで入力すると表示される候補の一覧からタップで入力することもできる

2 ポストする

[ポストする]を**タップ**

3 ハッシュタグを付けてポストできた

タイムラインにハッシュタグ付きのポストが表示された

1 基本

2 ポスト

3 フォロー

4 便利ワザ

5 配信

6 パソコン

7 X Premium

8 安全

9 管理

43

話題の共有

ハッシュタグで検索しよう

ワザ42で紹介したハッシュタグを使ってみましょう。投稿内のハッシュタグを
タップするだけで、同じハッシュタグが付いた投稿を検索できます。検索結果
が多すぎるときは、複数のハッシュタグで検索すれば絞り込みも可能です。事
件や災害など今現在の世間の情報を知りたいときにも役立ちます。

第4章　便利な機能を使いこなそう

ハッシュタグ付きのポストを検索する

1 ハッシュタグで検索する

検索したいハッシュタグ付きの
ポストを表示しておく

検索したいハッシュタグを**タップ**

2 ハッシュタグ付きのポストが検索された

検索結果が表示された

HINT ハッシュタグで実況を楽しもう

ハッシュタグは、同じ話題を共有している人を検索しやすくする機能です。
テレビやラジオの番組では、番組公式のハッシュタグが設定されていること
とがよくあります。また、サッカーワールドカップやオリンピックなどスポー
ツの主要なイベントには、共通のハッシュタグが使われます。ハッシュタグ
をタップしてみると、同じ番組や試合を視聴している人のポストがまとめて
見られます。自分でもハッシュタグを付けてポストすると、みんなで一緒に
「実況」をしているように楽しめます。ぜひ挑戦してみましょう。

複数のハッシュタグで検索する

1 検索画面を表示する

ホーム画面を表示しておく

ここを**タップ**

2 検索をはじめる

検索画面が表示された

[検索]を**タップ**

3 ハッシュタグで検索する

❶検索したいハッシュタグを**複数入力**

❷[検索]（Androidでは虫眼鏡アイコン）を**タップ**

4 複数のハッシュタグで検索できた

検索結果が表示された

1 基本
2 ポスト
3 フォロー
4 便利ワザ
5 配信
6 パソコン
7 X Premium
8 安全
9 管理

44

話題の共有

トレンドのキーワードを
チェックしよう

「トレンド」をチェックすると、X上で、今どんなキーワードが盛り上がっている
のかを知ることができます。今日1日やここ数日ではなく、いままさに話題になっ
ていることがリアルタイムで表示されます。普段フォローしている範囲に関わら
ず一般的なニュースを知ることができて便利です。

おすすめを検索する

1 おすすめのキーワードで検索する

ワザ30を参考に、検索画面を
表示しておく

自分の関心やX上のトレンドに基づ
いて、おすすめのキーワードが表示
された

検索したいキーワードを**タップ**

2 おすすめのキーワードで検索できた

検索結果が表示された

ここをタップすると、
検索画面に戻る

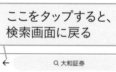

ワザ30を参考に、検索
画面を表示しておく

[Trending]を**タップ**

[トレンド]画面が表示された

現在Xで反応の多いキーワードやハ
ッシュタグが表示される

キーワードをタップすると、
検索できる

1 基本

2 ポスト

3 フォロー

4 便利ワザ

5 配信

6 パソコン

7 X Premium

8 安全

9 管理

HINT ほかのタブも見てみよう

[トレンド]のほかにも、[ニュース][スポーツ][エンターテイメント]のタ
ブがあり、タップするとカテゴリー別に話題のポストを見ることができます。
例えばエンターテイメントを選ぶと、今日話題のテレビ番組や、人気タレン
トの話題が表示されます。

話題の共有

コミュニティに参加しよう

コミュニティは、通常のタイムラインとは別に存在するX上のスペースです。いろいろなテーマのコミュニティがあり、参加したユーザーだけがポストできます。それぞれのコミュニティには管理者とモデレーターが存在していて、コミュニティが荒れないように管理しています。

第4章　便利な機能を使いこなそう

1 [コミュニティ]画面を表示する

ホーム画面を表示しておく

ここをタップ

2 コミュニティの検索画面を表示する

[コミュニティ]画面が表示された

ここをタップ

3 コミュニティを検索する

❶検索キーワードを**入力**

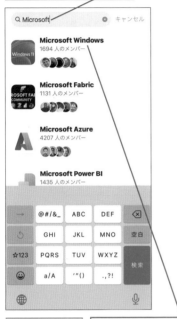

検索結果が表示された

❷コミュニティ名を**タップ**

4 コミュニティに参加する

選択したコミュニティの画面が表示された

[参加する]を**タップ**

コミュニティに参加できる

1 基本

2 ポスト

3 フォロー

4 便利ワザ

5 配信

6 パソコン

7 X Premium

8 安全

9 管理

HINT　コミュニティを楽しもう

手順4で[基本情報]をタップすると、コミュニティの作成者（管理者）やモデレーター、メンバーの一覧やルールを見ることができます。参加前に確認してくとよいでしょう。コミュニティに参加したらポストが可能になります。積極的にコミュニケーションを楽しみましょう。なおコミュニティによっては、管理者に承認されないと参加できない場合もあります。手順4でボタンが[参加リクエスト]になっている場合は承認制です。X Premiumに登録していれば、自分でコミュニティを作ることもできます。

46

話題の共有

ポストを共有しよう

いいなと思ったポストの個別のリンク（URL）を、X以外のSNSやメッセージ、メールなどで伝えることができます。スクリーンショットを送る場合と違い、元のポストに直接アクセスできるメリットがあります。ただし、ポストが非公開の場合や、削除されたときは表示できません。

第4章 便利な機能を使いこなそう

1 ［ポストを共有］画面を表示する

ホーム画面を表示しておく

共有したいポストのここ（Androidでは ）を**タップ**

2 ポストのリンクをコピーする

［ポストを共有］画面が表示された

［リンクをコピー］を**タップ**

ポストのURLがコピーされ、メールなどに貼り付けて共有できるようになる

HINT DMやほかのアプリで共有できる

リンクをコピーするほかにも、ポストを共有する方法があります。手順2で［ダイレクトメッセージで共有］をタップすると、Xのダイレクトメッセージでコメントと共に共有できます。［共有する］をタップすると、X以外のアプリを選べます。

47

ブックマーク

見返したいポストを「ブックマーク」しよう

ポストをブックマークに登録しておくと、後からまとめて読み直すことができます。「いいね」を付けた場合でもまとめて確認できますが、ほかの人からもあなたが「いいね」したことがわかってしまいます。ブックマークに登録したものはほかの人には見えないので、誰にも気をつかわずに利用できます。

ポストをブックマークする

1 ブックマークをする

ブックマークしたいポストの[ポスト]画面を表示しておく

ここを**タップ**

2 ポストがブックマークされた

ブックマークが完了し、アイコンの色が変わった

1 基本

2 ポスト

3 フォロー

4 便利ワザ

5 配信

6 パソコン

7 X Premium

8 安全

9 管理

次のページに続く ⟶

ブックマークしたポストを見る

1 メニューを表示する

ホーム画面を表示しておく

プロフィール画像を**タップ**

2 [ブックマーク]画面を表示する

メニューが表示された	[ブックマーク]を**タップ**

3 ブックマークしたポストを確認できた

[ブックマーク]画面が表示された

ブックマークしたポストが一覧で表示される

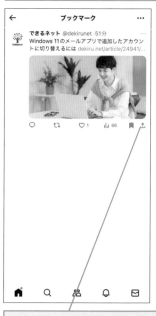

ここ（Androidでは ）をタップして［ブックマークを削除］をタップすると、ポストをブックマークから削除できる

HINT ブックマークをすべて削除できる

手順3で右上の ⬆ （Androidは ⋮ ）をタップすると、すべてのブックマークを削除できます。

48

リスト

リストで話題を見やすくしよう

タイムラインに流れる話題が雑多で見づらいと感じたら、リストを利用して整理してみましょう。話題の種類ごとにリストを作ると、そのリストに登録したユーザーのポストだけを表示することができます。またユーザーをフォローしなくてもリストには追加することができます。

リストを作成する

1 リストの画面を表示する

メニューを表示しておく

[リスト]をタップ

鈴木凛
@rin97suzuki
19 フォロー　4 フォロワー

👤 プロフィール
✕ プレミアムプラス　New
🔖 ブックマーク
🗐 リスト

2 リストを作成する

リストの画面が表示された

すでにリストがあれば、ここに表示される

ここをタップ

← Q リストを検索 …
新しいリストを見つける

3 リストの情報を入力する

[リストを作成]画面が表示された

❶リスト名（ここでは「カフェ・食べ歩き」）を入力

❷リストの説明を入力

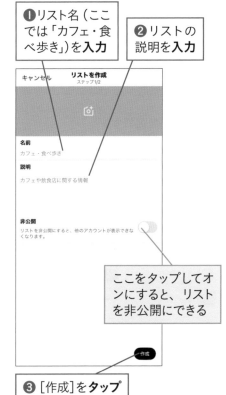

ここをタップしてオンにすると、リストを非公開にできる

❸[作成]をタップ

1 基本
2 ポスト
3 フォロー
4 便利ワザ
5 配信
6 パソコン
7 X Premium
8 安全
9 管理

次のページに続く→

4 リストの作成を完了する

[リストに追加]画面が表示された

[追加する]をタップすると、
ユーザーを追加できる

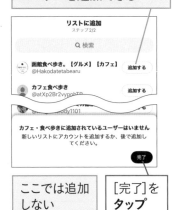

ここでは追加
しない

[完了]を
タップ

5 リストを作成できた

作成したリストが表示された

ここをタップしていくと
ホーム画面に戻れる

リストに追加したユーザーのポストを表示する

1 リストを選択する

前ページの手順1を参考に、
リストの画面を表示しておく

表示したいリストを**タップ**

2 リストを表示できた

リストに追加されているユーザーの
ポストがあれば、ここに表示される

49 リスト

リストを編集しよう

リストのテーマに合ったユーザーを見つけたら、どんどん追加していきましょう。期待通りの投稿が少ないと感じたらリストから削除すればOKです。なおリストには公開範囲が設定できるので、ほかのユーザーに知られたくない場合は非公開にしておきましょう。

リストにユーザーを追加する

1 ユーザーの追加をはじめる

ワザ32を参考に、追加したいユーザーのプロフィール画面を表示しておく

ここ（Androidでは :）をタップ

神田近江屋洋菓子店

2 ［リスト画面］を表示する

メニューが表示された

神田近江屋洋
@omiyayogashite

明治17年（188
ープでないものを
有する...
ウェブショップのお
webshop@ohmiy
依頼はこちらから
東京都千代田区
instagram.con/o
2019年9月からT

トピックを表示

リストへ追加または削除

リストを表示

@omiyayo
をミュート

@omiyayo
をブロック

［リストへ追加または削除］（Androidは［リストの追加/削除］）を**タップ**

3 リストを選択する

自分のリストの一覧が表示された

リストを**タップ**

← リスト
カフェ・食べ歩き
鈴木凛 @rin97suzuki

4 リストに追加できた

リストにチェックマークが表示され、ユーザーがリストに追加された

もう一度リストをタップすると、チェックマークをはずせる

← リスト
カフェ・食べ歩き
鈴木凛 @rin97suzuki

ここをタップすると、リストに追加したユーザーのプロフィール画面に戻る ←

次のページに続く ⟶

1 基本

2 ポスト

3 フォロー

4 便利ワザ

5 配信

6 パソコン

7 X Premium

8 安全

9 管理

リストからユーザーを削除する

1 リストの編集をはじめる

114ページの手順1を参考に、リストのタイムラインを表示しておく

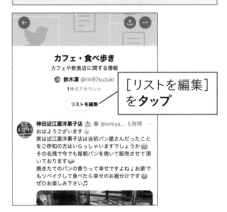

カフェ・食べ歩き
カフェや飲食店に関する情報

鈴木凛 @rin97suzuki
1件のアカウント

リストを編集

[リストを編集]をタップ

神田近江屋洋菓子店 @omiya... 5時間
おはようございます
実は近江屋菓子店は当初パン屋さんだったこと
をご存知の方はいらっしゃいますでしょうか
その名残で今でも毎朝パンを焼いて販売させて頂
いております
焼きたてのパンの香りって幸せですよね♪お家で
もリベイクして食べたら幸せのお裾分けです
ぜひお楽しみ下さい♫

2 [メンバーを管理]画面を表示する

[リストを編集]画面が表示された

キャンセル　　リストを編集　　保存

名前
カフェ・食べ歩き

説明
カフェや飲食店に関する情報

[メンバーを管理]をタップ

メンバーを管理

非公開
リストを非公開にすると、他のアカウントが表示できなくなります。

リストを削除

ここをタップしてオンにすると、非公開に設定できる

3 ユーザーを削除する

[メンバーを管理]画面が表示された

リストに追加されているユーザーが一覧で表示される

← メンバーを管理

メンバー　　　　　おすすめ

さぼうる2（ツー）
@sabor2_jimbocho　　　　削除

神保町ラドリオ
@jimbocho_ladrio　　　　削除

神田近江屋洋菓子店
@omiyayogashiten　　　　削除

神保町さぼうる（本店）
@sabor_jimbocho　　　　削除

[削除]をタップ

4 リストからユーザーを削除できた

ユーザーが一覧から消え、リストから削除された

ここをタップしていくと、ホーム画面に戻る　　←

← メンバーを管理

メンバー　　　　　おすすめ

さぼうる2（ツー）
@sabor2_jimbocho　　　　削除

神保町ラドリオ
@jimbocho_ladrio　　　　削除

神保町さぼうる（本店）
@sabor_jimbocho　　　　削除

50

リスト

ほかの人が作ったリストを
フォローしよう

ほかの人が作ったリストをフォローすれば、そのリストに登録されているアカウントのポストをまとめてチェックできます。リストの作者がリストの内容を編集すれば、フォローした側のリストにもそのまま反映されます。苦労せずに旬のアカウントを知ることもできるので、ぜひ利用してみましょう。

ほかの人が作ったリストをフォローする

1 メニューを表示する

ワザ32を参考に、ほかのユーザーのプロフィール画面を表示しておく

ここ（Androidでは ）を**タップ**

2 リストの一覧を表示する

メニューが表示された

[リストを表示]を**タップ**

1 基本

2 ポスト

3 フォロー

4 便利ワザ

5 配信

6 パソコン

7 X Premium

8 安全

9 管理

次のページに続く ⟶

3 フォローするリストを選択する

そのユーザーが作成している
リストの一覧が表示された

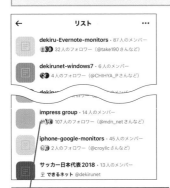

フォローするリストを**タップ**

4 リストをフォローする

リストが表示
された

[フォローする]を
タップ

5 リストをフォローできた

ボタンが[フォロー解除](Android
では[フォロー中])に変わった

ここをタップしていくと、
ホーム画面に戻る

HINT フォローできない ときは

手順4で[フォローする]をタップ
しても反応しないときはもう一度
タップするとフォローできる場合
があります。

リストのフォローを解除する

1 フォローを解除するリストを選択する

113ページの手順1を参考に、リストの画面を表示しておく

フォローを解除するリストを**タップ**

2 リストのフォローを解除する

リストが表示された

[フォロー解除]（Androidでは[フォロー中]）を**タップ**

3 リストのフォローが解除された

ボタンが [フォローする]に変わった

フォローを解除できた

ここをタップしていくと、ホーム画面に戻る

4 フォローの解除を確認する

113ページの手順1を参考にリストの画面を表示しておく

[自分のリスト]からリストが消えていることが確認できる

1 基本

2 ポスト

3 フォロー

4 便利ワザ

5 配信

6 パソコン

7 X Premium

8 安全

9 管理

COLUMN

知っているとちょっと便利な小技

第4章で紹介した以外にも、知っているとちょっと便利な小技があります。ぜひ試してみてください。

●メニューをフリックで切り替える

画面の左右にフリックすると画面を切り替えることができます。[おすすめ]のタイムラインを表示しているときに左から右にフリックするとメニューが開き、右から左にフリックすると[フォロー中]のタイムラインが表示されます。

●言語を指定して検索する

特定の言語のポストを検索したいときは、キーワードの後に「(半角空き) lang:[言語]」と入力します。[言語]の部分には、en (英語)、ja (日本語)、zh (中国語)、ko (韓国語)、it (イタリア語)などが入ります。

●画面をダークモードにする

画面全体を暗くする「ダークモード」に切り替えることができます。メニューを開き、左下の[太陽マーク]をタップすると変更できます。

メニューを開いておく

[ダークモード]の
ここをタップする
と、ダークモード
に切り替えられる

ここをタップ

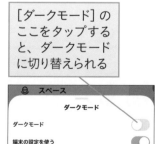

第5章

スペースやライブ放送を
楽しもう

51

配信の基本

リアルタイム配信の機能を理解しよう

Xにはリアルタイムで音声や映像を配信できる2つの機能があります。1つは最大11人のユーザーと音声会話ができる「スペース」、もう1つはスマートフォンのカメラで動画を配信できる「ライブ放送」です。目的に合わせて使い分けていきましょう。

第5章 スペースやライブ放送を楽しもう

音声で交流できる「スペース」

「スペース」は音声を使ってリアルタイムで会話できる機能です。2021年5月に追加された時点ではフォロワー 600人以上という利用制限がありましたが、現在は誰でも利用できます。従来のXは基本的にテキストと画像での交流がメインでしたが、スペースを使えば音声を使ってフォロワーと気軽におしゃべりが楽しめます。また、スペースを利用する有名人も増えてきているので、ラジオを聞くような楽しみ方も可能です。

●ホーム画面から気軽に参加できる

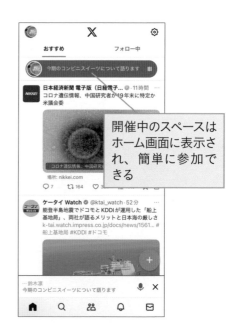

開催中のスペースはホーム画面に表示され、簡単に参加できる

フォロワーと音声で楽しくおしゃべりできる

リアルタイムで映像配信ができる「ライブ放送」

「ライブ放送」はスマートフォンのカメラを使って動画をリアルタイムで配信する機能です。複数のユーザーが参加できるスペースと異なり一人での配信になりますが、放送を見たユーザーがコメントを付けたりすることで、やはりリアルタイムに交流ができます。なおスマートフォンを手で持って配信するのが難しい場合は、スマートフォンを固定できる小さな三脚を用意するといいでしょう。

●スマートフォンのカメラで配信できる

いつでもどこでも簡単に
映像配信ができる

配信後は「リプレイ放送」として
タイムラインに映像が残る

1 基本

2 ポスト

3 フォロー

4 便利ワザ

5 配信

6 パソコン

7 X Premium

8 安全

9 管理

HINT 配信の時間帯に気を付けよう

せっかく配信するなら多くの人に参加してもらいたいもの。内容を面白くすることも大事ですが、配信を行う時間帯にも気を遣いましょう。フォロワーや参加者の層にもよりますが、一般的に深夜や平日の昼間の配信は、学生や社会人にはハードルの高い時間帯です。20〜22時といった、夜の比較的浅い時間がいいでしょう。

52

スペース

ほかの人のスペースに参加しよう

自分以外のユーザーがホストとして開始したスペースにゲストとして参加してみましょう。最初は聞くだけの「リスナー」としての参加となりますが、会話ができる「スピーカー」にしてもらうようにホストにお願いすることもできます。なお、同時に複数のスペースに参加することはできません。

第5章　スペースやライブ放送を楽しもう

1 スペースの詳細を表示する

フォローしているアカウントがスペースを開催すると、ホーム画面上部にアイコンが表示される

ここではリスナーとしてスペースに参加する

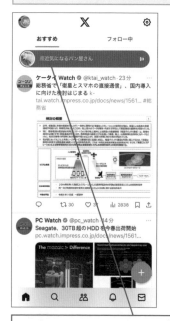

参加したいスペース名を**タップ**

2 スペースにリスナーとして参加する

スペース名と参加者が表示された

[聞いてみる]を**タップ**

3 リスナーとして参加できた

リスナーとしてスペースに
参加できた

スペースから退出
するときは、[退
出]をタップする

スピーカーとして参加したいときは、
[リクエスト]をタップする

HINT 既成の楽曲を BGMに流すのはNG？

会話のバックにBGMを流したい
と思う人は多いでしょうが、ちょっ
と待ってください。XはYouTube
などと異なり、JASRACなどの著
作権管理団体と包括契約を結ん
でいません。既成の音楽を使用
する場合、すべての権利者や権
利団体に許諾を取って使用料を
支払う必要があります。著作権フ
リーでクレジット表記不要の音楽
を探すか、自分で作曲し演奏し
たほうがいいでしょう。

1 基本

2 ポスト

3 フォロー

4 便利ワザ

5 配信

6 パソコン

7 X Premium

8 安全

9 管理

HINT 参加したスペースでリアクションするには

リスナーは会話に参加することはできませんが、10種類用意されている絵
文字を使って「おもしろい」「悲しい」「さようなら」といったリアクションを
表現することができます。

❶画面左下のハートアイコンを
タップ

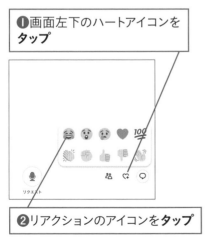

❷リアクションのアイコンを**タップ**

リアクションが表示された

自分のスペースを開始しよう

それでは実際にスペースを開始してみましょう。スペースの作成者はホストと呼ばれます。多くの人に聞いてもらえるスペースにするためには、わかりやすいタイトルを付ける必要があります。また、ゲームやスポーツといった関連するトピックを選択しておくのもよいでしょう。

第5章 スペースやライブ放送を楽しもう

スペースを開始する

1 [スペースを作成]画面を表示する

ホーム画面を表示しておく

❶ここをロングタッチ（Androidではタップ）

❷ここをタップ

Androidでも［スペース]の文字ではなくアイコンをタップする

2 スペース名を入力して開始する

[スペースへようこそ] と表示されたら [OK] をタップしておく

[設定しましょう] と表示されたら、マイクへのアクセスを許可しておく

[スペースを作成]画面が表示された

❶スペース名を入力

❷ [今すぐ始める]（Androidでは［スペースを開始]）をタップ

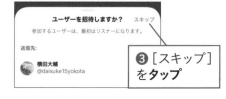

❸ [スキップ]をタップ

3 マイクをオンにする

[マイク]を**タップ**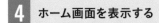

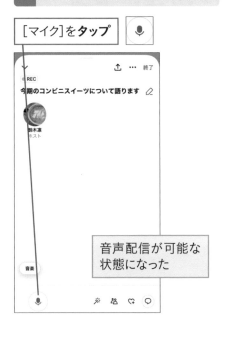

音声配信が可能な
状態になった

4 ホーム画面を表示する

ここを**タップ** ∨

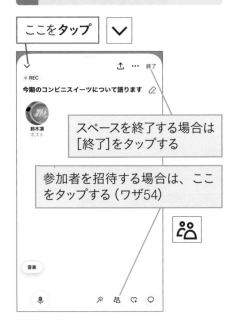

スペースを終了する場合は
[終了]をタップする

参加者を招待する場合は、ここ
をタップする（ワザ54）

スペースを終了する

1 スペースの終了画面を表示する

ここでは、ホーム画面から
スペースを終了する

ここを**タップ** ✕

2 スペースを終了する

[終了する]を**タップ**

[このスペースで技術的な問題は
発生しましたか？]と表示された
ときは、選択肢から回答する

スペースが終了する

1 基本
2 ポスト
3 フォロー
4 便利ワザ
5 配信
6 パソコン
7 X Premium
8 安全
9 管理

54

スペース

自分のスペースに招待しよう

自分のスペースを開始したら次はゲストを招待してみましょう。会話に参加できるゲスト（スピーカーと呼びます）は10人まで、聞くだけのゲスト（リスナーと呼びます）は無制限で招待できます。スピーカーとリスナーの役割は後から変更することも可能です。

第5章 スペースやライブ放送を楽しもう

1 ゲストの招待を開始する

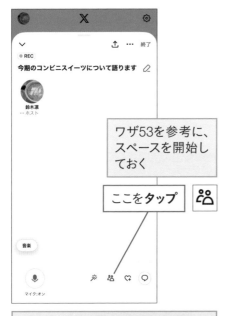

ワザ53を参考に、スペースを開始しておく

ここをタップ

Androidでは［ユーザーを招待しますか?］の画面で［スキップ］をタップする

2 ［スピーカーを追加］画面を表示する

ここでは、ゲストを「スピーカー」として招待する

［スピーカーを招待］をタップ

HINT 招待できるゲストは3種類

ゲストにはそれぞれ権限の異なる3つの役割があります。ホストとほぼ同じ権限を持つ共同ホスト（2名まで）、会話に参加できるスピーカー（10名まで）、聞くだけのリスナー（無制限）の3種類です。

3 相手を指定して招待する

❶ [送信先] にゲストのアカウント名を**入力**

❷ 表示されたアカウント名を**タップ**

❸ [スピーカーの招待を送信]を**タップ**

4 スピーカーの招待を送信した

招待したゲストが承諾するまで**待つ**

5 スペースにスピーカーを招待できた

[スピーカー :1] (Androidでは [1人のスピーカー])と表示された

❶ ここを**タップ**

❷ ここを**タップ**

6 ホーム画面が表示された

ホーム画面の左上に、ホストとスピーカーのアイコンが並んで表示された

1 基本
2 ポスト
3 フォロー
4 便利ワザ
5 配信
6 パソコン
7 X Premium
8 安全
9 管理

55

スペース
スペースの公開を事前に設定しよう

最初のうちはなかなかリスナーが集まらないかもしれません。そんなときは告知に力を入れましょう。スペースは事前に日時とタイトルを決めて予約することができるので、まずは予約を済ませてポストで宣伝しましょう。日程があわない人が多い場合は予約した日時を変更することも可能です。

第5章　スペースやライブ放送を楽しもう

スペースの開始日時を予約（スケジュール）する

1 スペースを作成する

ワザ53を参考に、［スペースを作成］画面を表示しておく

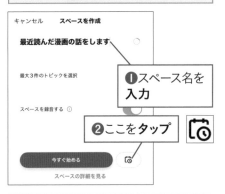

❶スペース名を入力

❷ここをタップ

2 スペースの開始日時を指定する

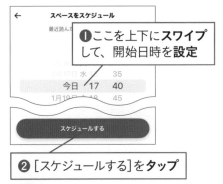

❶ここを上下にスワイプして、開始日時を設定

❷［スケジュールする］をタップ

3 予約したスペースを告知する

スペースが予約できた

ここではポストで告知する

［ポストする］（Androidでは☑）をタップ

HINT Androidで日時を設定するには

手順2の画面で、Androidでは日にちと時間を別に設定した後、［次へ］をタップします。

1 基本

2 ポスト

3 フォロー

4 便利ワザ

5 配信

6 パソコン

7 X Premium

8 安全

9 管理

4 予約したスペースをポストする

ポストが自動的に入力された

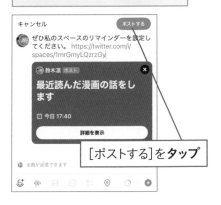

[ポストする]を**タップ**

5 スペースの画面を閉じる

ポストが投稿され、スペースの画面が表示された

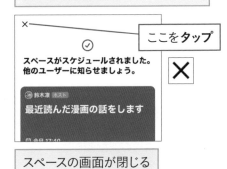

ここを**タップ**

スペースの画面が閉じる

予約したスペースを開始する

1 予約した時間に [スペース]画面を表示する

予約した時間が近づくと、Xの通知が表示される

ワザ53を参考に、スペースを開始する

ワザ53の手順1を参考に、[スペースを作成]画面を表示しておく

❶ここを**タップ**

❷開始するスペースを**タップ**

2 スペースを開始する

予約したスペースの画面が表示される

[今すぐ始める]を**タップ**

[編集]をタップすると、開始時間の変更や、スペースのキャンセルなどができる

Xでライブ放送をしてみよう

ライブ放送はスマートフォンのカメラを使ってリアルタイムに動画を配信する機能です。動画はポストに埋め込まれ自動的に投稿されフォロワーのタイムラインに表示されます。ライブ終了後も「リプレイ放送」として動画が含まれたポストはそのままタイムラインに残ります。

第5章 スペースやライブ放送を楽しもう

Xでライブ放送を開始する

1 ライブ放送の開始画面を表示する

ワザ11を参考に、ポストの入力画面を表示しておく

ここを**タップ** 📷

2 ライブ放送の画面に切り替える

撮影画面が表示された

Androidは[ライブ]をタップする

❶ここを左に**スワイプ**

❷[ライブ]を**タップ**

3 ライブ放送を開始する

[いまどうしてる?]をタップすると、同時に投稿されるポストの本文を入力できる

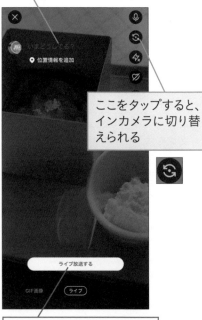

ここをタップすると、インカメラに切り替えられる

[ライブ放送する]を**タップ**

4 ライブ放送中に
メニューを表示する

ライブ放送が開始され、
ライブ放送のポストが送
信された

視聴人数が
表示される

ここを**タップ**

5 視聴者にフォローや共有を
リクエストする

[フォローをリクエスト]をタップする
と、フォローをお願いできる

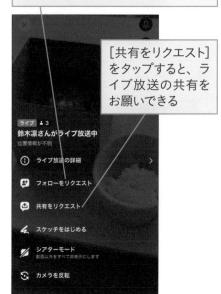

[共有をリクエスト]
をタップすると、ラ
イブ放送の共有を
お願いできる

ライブ ● 3
鈴木凛さんがライブ放送中
位置情報が不明

ⓘ ライブ放送の詳細　　　　　　　　＞

👥 フォローをリクエスト

💬 共有をリクエスト

✏️ スケッチをはじめる

📺 シアターモード
動画以外をすべて非表示にします

🔄 カメラを反転

●フォロワーの画面

ライブ放送のポストが
表示されている

おすすめ　　　　**フォロー中**

鈴木凛 @rin97suzuki・41秒　　···

動画を**タップ**

ライブ ▲ 1

鈴木凛 @rin97suzuki

別画面でライブ放送が
拡大表示された

32分前
鈴木凛さんのリプレイ放送
位置情報が不明

🎤 鈴木凛

1 基本

2 ポスト

3 フォロー

4 便利ワザ

5 配信

6 パソコン

7 X Premium

8 安全

9 管理

次のページに続く—→

Xでライブ放送を終了する

1 ライブ放送を終了する

132ページの手順を参考に、ライブ放送を開始しておく

❶ここを**タップ**

画面下のメニューが表示された

❷[ライブ放送を停止]（Androidでは[ライブ放送をやめる]）を**タップ**

2 ライブ放送が終了した

ライブ放送が終了し、終了後のメニューが表示された

[ライブ放送を編集]を**タップ**

ここをタップすると、下のHINTを参考に動画を保存できる

HINT **動画の保存は一度だけ**

ライブ放送で作成された動画を保存できるのは、放送の直後だけです。リプレイ放送から動画を保存することはできないので注意しましょう。また、ほかのユーザーの動画を保存することはできません。

3 [ライブ放送を編集]画面を確認する

終了したライブ放送のタイトルやサムネイル画像、開始/終了ポイントを編集できる

ここでは変更せずに進める

[完了]を**タップ**

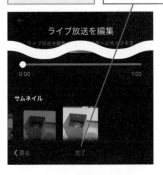

4 ライブ放送を閉じる

手順2の画面に戻った

ここを**タップ**

ライブ放送がリプレイ放送として保存される

リプレイ放送を確認する

1 リプレイ放送を再生する

ポストにリプレイ放送が保存された

リプレイ放送を**タップ**

2 リプレイ放送を確認する

リプレイ放送が再生された

ここをタップして画面を閉じる

ここをタップすると、編集や削除ができる

1 基本
2 ポスト
3 フォロー
4 便利ワザ
5 配信
6 パソコン
7 X Premium
8 安全
9 管理

COLUMN

スペースの音声の質を高める方法

音声を気軽に配信できるスペースでは、音質がリスナーの参加意欲に大きく影響します。ユーザーが聞きやすいよう良好な音質の音声を提供することが重要です。ここでは音質を高めるためのヒントをいくつか紹介します。

・適切なマイクの選択
マイクは、クリアな音声を録音する上で最も重要な要素の一つです。スマートフォンの内蔵マイクではなく外部マイクを使用することをおすすめします。

・静かな環境の確保
背景のノイズは音声の質を大きく低下させます。できる限り静かな部屋で録音し、窓を閉め、扇風機やエアコンなどの騒音を避けましょう。

・適切なマイク位置
マイクとの距離は音声のクリアさに大きく影響します。マイクを口から約15 〜 30cm離して、直接話すよりも少し下向きに話してみましょう。

　ほかにも、ポップフィルターの使用や、適切な録音レベルの設定、エコーやリバーブの低減など、工夫すべき点はたくさんあります。

第6章

パソコンでも使ってみよう

パソコンでXを利用しよう

パソコンからもXを使うことができます。別途アプリなどを入れなくても、Microsoft EdgeやGoogle ChromeなどのWebブラウザーから、閲覧や書き込みなどの操作が可能です。スマートフォンで利用しているID（ユーザー名）を使ってログインすれば、自分のタイムラインが表示できます。

第6章 パソコンでも使ってみよう

1 ［Xにログイン］画面を表示する

| Webブラウザー（ここではMicrosoft Edge）を起動しておく | ❶右記のWebページにアクセス | X https://twitter.com/ |

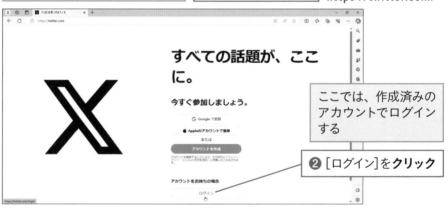

ここでは、作成済みのアカウントでログインする

❷［ログイン］を**クリック**

2 ユーザー名を入力する

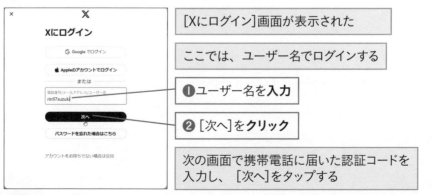

［Xにログイン］画面が表示された

ここでは、ユーザー名でログインする

❶ユーザー名を**入力**

❷［次へ］を**クリック**

次の画面で携帯電話に届いた認証コードを入力し、［次へ］をタップする

3 パスワードを入力する

[パスワードを入力]画面が表示された

❶ パスワードを**入力**

❷ [ログイン]を**クリック**

4 Xにログインできた

パソコンのWebブラウザーでホーム画面が表示された

---

1 基本

2 ポスト

3 フォロー

4 便利ワザ

5 配信

6 パソコン

7 X Premium

8 安全

9 管理

HINT アクセス先はしっかり確認しよう

手順1の画面を表示する際には、アクセス先を間違えないように注意しましょう。似たようなアドレスで、Xとそっくりな画面のフィッシングサイトが数多く存在します。なお、「x.com」と入力しても「twitter.com」に転送されます。

58

パソコンでの画面を確認しよう

パソコンからWebブラウザーでXにアクセスすると「ホーム」と呼ばれる画面が表示されます。スマートフォンとは異なり、タイムラインが中央に表示され、左と右にメニューやトレンドなどが並ぶ3カラム（列）の表示形式になっています。画面の見方を覚えておきましょう。

●パソコンでアクセスしたホーム画面

❶ホーム
クリックするとホーム画面を表示する

❷話題を検索
クリックすると中央のカラムにトレンド（ワザ44）を表示する

❸通知
通知（ワザ16）があると数字が表示される。クリックすると一覧を中央のカラムに表示する

❹メッセージ
ダイレクトメッセージ（ワザ21）があると数字が表示される。クリックすると一覧を中央のカラムに表示する

❺リスト
クリックするとリスト（ワザ48）を中央カラムに表示する

❻ブックマーク
クリックするとブックマーク（ワザ47）を中央カラムに表示する

❼コミュニティ
クリックするとコミュニティ（ワザ45）を中央カラムに表示する

❽プレミアム
クリックするとX Premiumの登録ができる

⑨プロフィール

クリックすると自分のプロフィールを中央カラムに表示する

⑩もっと見る

クリックすると、設定や収益などのメニューを表示する

⑪ポストする

クリックするとポストの入力画面が表示される

⑫アカウント名

ログイン中のアカウントが表示される。クリックするとアカウントの管理や切り替えができる

⑬ポストの入力欄

クリックして入力すると新しいポストを投稿できる

⑭タイムライン

タイムラインが表示され、「いいね」やリポストを行える

⑮キーワード検索

キーワード検索（ワザ30）機能を利用できる

⑯いまどうしてる？

トレンド（ワザ44)が表示され、今盛り上がっている話題がわかる

⑰メッセージ

ダイレクトメッセージ（ワザ21）があると青色の通知が表示される。クリックするとメッセージ機能を利用できる

HINT **ホーム画面が2カラムになっているときは**

Webブラウザーのウィンドウの幅が狭いと2カラムで表示されたり、メニューの文字が表示されなかったりします。ウィンドウの幅を広げれば、左ページと同様の画面構成で表示されます。

HINT **共有パソコンから使用したらログアウトしよう**

漫画喫茶のパソコンや、ホテルの宿泊先でレンタルしたパソコンなどからも、Xにログインすることができますが、使用後は必ずログアウトしましょう。さもないと、他人に自分のアカウントを使われてしまう危険があります。

❶アカウント名の右にあるアイコンを**クリック** ・・・

❷[○○（アカウント名）からログアウト]を**クリック**

既存のアカウントを追加
@rin97suzukiからログアウト
鈴木凛
@rin97suzuki
https://twitter.com/logout

59

パソコンでの利用

パソコンからポストしよう

パソコンからポストしてみましょう。ホーム画面を表示してポストする文章を入力し、［ポストする］をクリックするだけなので簡単です。パソコンを普段からよく使う人にとっては、キーボードから入力できたり、文字のコピー＆ペーストを手軽に行えるのは大きなメリットです。

●ポストの投稿画面

❶ポストの入力欄

クリックしてポストする文章を入力する

❷［ポストする］

クリックするとポストを投稿する

❸メディア

クリックしてパソコン内の画像や動画を選び、添付する

❹GIF画像

クリックしてGIF画像（動く画像）を添付する

❺投票

クリックしてアンケート（投票）を作成する

❻絵文字

クリックすると絵文字の一覧が表示されて文章中に挿入することができる

❼予約設定

クリックして予約投稿の設定を行う。複数のポストを予約できる（ワザ63）

❽位置情報をタグ付け

クリックして今いる場所の位置情報をタグ付けする

第6章 パソコンでも使ってみよう

ホーム画面から投稿する

1 文章を入力して投稿する

ワザ57を参考に、パソコンからXのホーム画面を表示しておく	❶画面上部のポスト入力欄を**クリック**

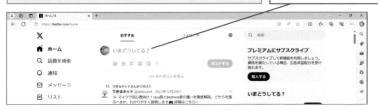

❷文章を**入力**	❸ [ポストする]を**クリック**

2 ポストが投稿された

[フォロー中] を
クリック

タイムラインにポストを投稿できた

HINT 写真の添付やアンケートもできる

ここでは文章を入力して投稿する方法を解説しましたが、写真の添付（ワザ12）やアンケート機能（ワザ17）など、投稿時にはスマートフォンからの利用と同様の機能を利用することができます。入力欄の下のアイコンをクリックすると利用できます。

1 基本

2 ポスト

3 フォロー

4 便利ワザ

5 配信

6 パソコン

7 X Premium

8 安全

9 管理

パソコンでの利用

パソコンでリプライや
リポストをしよう

タイムラインに表示されたポストに対して、パソコンからアクションを起こしてみましょう。リプライもリポストも、アイコンをクリックすることで簡単に行うことができます。パソコンでも、スマートフォンから利用する場合と操作感覚はあまり変わりません。

ポストにリプライする

1 リプライの入力画面を表示する

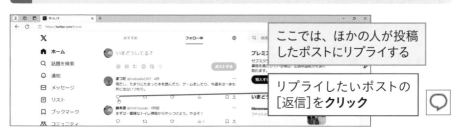

ここでは、ほかの人が投稿したポストにリプライする

リプライしたいポストの[返信]を**クリック**

2 文章を入力して投稿する

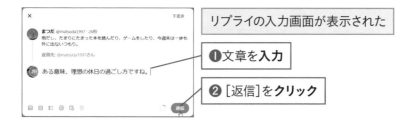

リプライの入力画面が表示された

❶文章を**入力**

❷[返信]を**クリック**

3 ポストにリプライできた

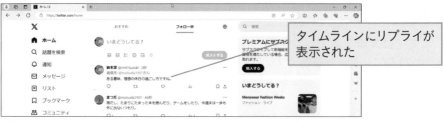

タイムラインにリプライが表示された

ポストをリポストする

1 リポストを設定する

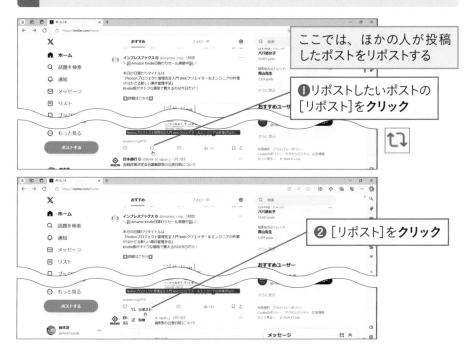

ここでは、ほかの人が投稿したポストをリポストする

❶リポストしたいポストの[リポスト]を**クリック**

❷[リポスト]を**クリック**

2 ほかの人のポストをリポストできた

リポストされた数が表示された

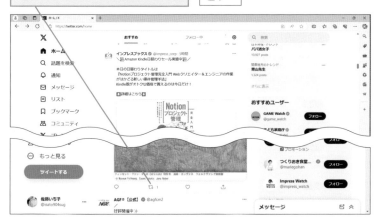

1 基本

2 ポスト

3 フォロー

4 便利ワザ

5 配信

6 パソコン

7 X Premium

8 安全

9 管理

パソコンでポストを検索しよう

話題のモノや出来事について、誰かポストしていないか検索してみましょう。パソコンからは、投稿時間や言語、「いいね」が付いた数など、細かい指定をして検索することができます。スマートフォンよりも詳細な検索ができるので、検索を使いこなして情報を得たいときにおすすめです。

1 検索キーワードを入力する

ここでは、「フルーツサンド」というキーワードでポストを検索する

❶検索フィールドを**クリック**

❷「フルーツサンド」と**入力**

❸[Enter]キーを押す

2 [高度な検索]画面を表示する

キーワードに関連したポストが表示された

[検索フィルター]で、フォローしているアカウントや場所でフィルターをかけられる

[高度な検索]を**クリック**

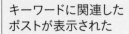

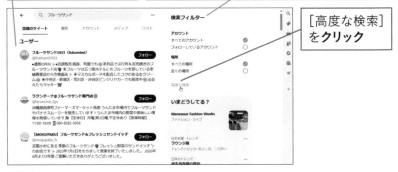

1 基本

2 ポスト

3 フォロー

4 便利ワザ

5 配信

6 パソコン

7 X Premium

8 安全

9 管理

3 [高度な検索]画面で検索キーワードを入力する

[高度な検索]画面が
表示された

ここでは「いいね」が10,000件以上付いた
人気のポストのみを検索する

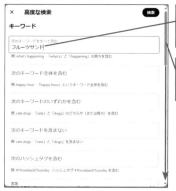

❶ [次のキーワードをすべて含む]に
「フルーツサンド」と**入力**

❷画面を下に
スクロール

4 検索条件を絞り込んで検索する

[エンゲージメント]の項目が表示された

❶ [いいねの最小件数]に
「10000」と**入力**

❷ [検索]を**クリック**

「フルーツサンド」を含むポストで、
「いいね」が10,000件以上あるもの
だけが表示される

HINT [高度な検索]で絞り込める条件

[高度な検索]画面では、ここで紹介した以外にも、キーワードの含め方、
特定のアカウント、リンクの有無、エンゲージメント（返信、リポストの反
応数）、日付の期間などでポストを絞り込めます。

62

パソコンでの利用

パソコンで個人的なメッセージを送ろう

個人的なメッセージを送るときに使うダイレクトメッセージ（DM）をパソコンで使ってみましょう。パソコンの大きな画面は一覧性に優れているので、たくさんの人とDMをやりとりしたり、長文のメッセージを送ったりすることが多い人にとって便利です。

メッセージを送信する

1 自分のプロフィール画面を表示する

ワザ57を参考に、パソコン版Xを表示しておく｜［プロフィール］を**クリック**

2 フォロワーの一覧を表示する

自分のプロフィール画面が表示された｜［（フォロワー数）フォロワー］を**クリック**

メッセージを送りたいユーザーを選択する

フォロワーの一覧が
表示された

❶［フォロワー］を
クリック

❷ユーザーを
クリック

4 メッセージの送信を開始する

相手のプロフィール画面が
表示された

［メッセージ］を
クリック

1 基本

2 ポスト

3 フォロー

4 便利ワザ

5 配信

6 パソコン

7 X Premium

8 安全

9 管理

次のページに続く──→

5 メッセージを送信する

❶メッセージの文章を
入力

❷[送信]を
クリック

6 メッセージが送信できた

送信したメッセージの内
容が表示された

受け取ったメッセージを確認する

1 メッセージの一覧を表示する

メッセージを受け取ると、[メッセージ]のアイコンに、
未読メッセージの件数が表示される

[メッセージ]を
クリック

2 やりとりを表示する

[メッセージ]画面が表示された

ユーザーを**クリック**

クリックしたユーザーとの
やりとりが表示された

相手のメッセージは左側
に表示される

1 基本

2 ポスト

3 フォロー

4 便利ワザ

5 配信

6 パソコン

7 X Premium

8 安全

9 管理

63

パソコンでの利用

予約投稿をしよう

パソコンから使える便利な機能に予約投稿があります。あらかじめポストを作成して日時を指定しておくと、計画的にポストを投稿できます。特定の日を狙ってお知らせを投稿したり、寝ている間に投稿したり、いろいろな使い道がある機能です。複数のポストの予約にも対応しています。

1 予約投稿を開始する

> ワザ57を参考に、パソコンからXのホーム画面を表示しておく

> 予約投稿したいポストを記入しておく

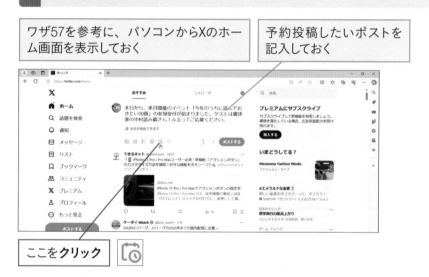

> ここを**クリック**

2 投稿日時を設定する

> [予約設定]画面が表示された

> ❶投稿日と時間を**選択**

> ❷画面右上の[確認する]を**クリック**

3 予約投稿の設定が完了する

[予約設定]を**クリック**

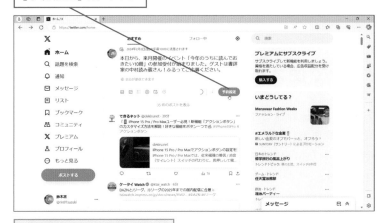

予約投稿の設定が完了した

1 基本

2 ポスト

3 フォロー

4 便利ワザ

5 配信

6 パソコン

7 X Premium

8 安全

9 管理

HINT 予約投稿の編集や削除をするには

一度予約した投稿の内容や投稿日時を変更したい場合は、手順1を参考に
[予約設定]画面を表示して、手順2の画面の左下にある[予約投稿ポスト]
をクリックします。予約済みポストの一覧が表示されるので、変更したいも
のを選び編集や削除を行いましょう。

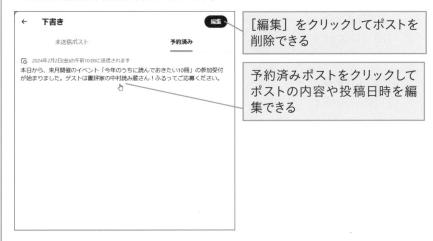

[編集]をクリックしてポストを
削除できる

予約済みポストをクリックして
ポストの内容や投稿日時を編
集できる

COLUMN

パソコンで使えるショートカットキー

パソコンからXを操作するときには、ショートカットキーを使うことができます。キーボードから手をはなさずに、ポストやリポスト、「いいね」を付けるなどさまざまな操作を効率よく行えます。

ポスト入力画面の表示
[N]キーを押す

文章を書いてからポストする
[Ctrl]（Macの場合 [コマンド]）キーを押しながら [Enter] キーを押す

「いいね」を付ける
1つのポストだけを表示している状態で [L]キーを押す

リプライする
[R]キーを押す

リポストする
[T]キーを押す

ポスト選択＆移動
[J]キーで下のツイート、 [K]キーで上のツイートに1つずつ移動

第 7 章

X Premiumで
できることを知ろう

X Premiumで何ができる?

X Premiumは、Xをより便利に使えるようになる多くの機能が追加される月額有料サブスクリプションサービスです。「ベーシック (600円／月、6000円／年)」、「プレミアム (1380円／月、14300円／年)」、「プレミアムプラス (3000円／月、35000円／年)」の3つのグレードにわかれており、それぞれできることが少しずつ異なります。

さまざまな特典を受けられる

X Premiumのいずれかのグレードに加入すると、プロフィールに青いチェックマークが表示 (審査あり) されます。また、最大25,000文字 (通常は140文字) までの「長いポスト」が可能になります。さらにグレードによって広告の表示が減るなどさまざまなメリットがあります。

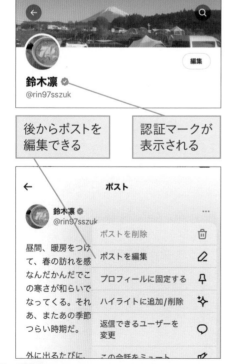

後からポストを編集できる

認証マークが表示される

長いポストを投稿できる

3つのグレードを比較する

X Premiumには安いほうから「ベーシック」、「プレミアム」、「プレミアムプラス」の3つのグレードがあります。ただし「ベーシック」には収益化を含むクリエイター向けの機能が含まれていないので、商用目的で利用したい場合は「プレミアム」以上を選ぶ必要があります。

機能	ベーシック	プレミアム	Xプレミアムプラス
Grokのいち早い利用	×	×	○
[おすすめ]に表示される広告数	通常	半分	なし
返信のブースト	最小	大	最大
ポストの編集	○	○	○
長いポスト	○	○	○
投稿の取り消し	○	○	○
長い動画の投稿	○	○	○
話題の記事	○	○	○
バックグラウンド動画再生	○	○	○
動画のダウンロード	○	○	○
ポストの収益化	×	○	○
クリエイターサブスクリプション	×	○	○
X Pro	×	○	○
Media Studio	×	○	○
アナリティクス	×	○	○
チェックマーク	×	○	○
暗号化されたダイレクトメッセージ	○	○	○
身分証明書の確認	×	○	○
アプリアイコン	○	○	○
ブックマークフォルダ	○	○	○
ナビゲーションのカスタマイズ	○	○	○
[ハイライト]タブ	○	○	○
いいねの非表示	○	○	○
サブスクリプションの非表示	○	○	○

次のページに続く──→

1 基本

2 ポスト

3 フォロー

4 便利ワザ

5 配信

6 パソコン

7 X Premium

8 安全

9 管理

65

X Premiumに登録しよう

それでは実際にX Premiumに登録する手順を見ていきましょう。支払い方法には年間払いと月払いがあり、どちらか好きなほうを選ぶことができます。また、登録には電話番号および身分証明書・顔写真の登録が必要になりますが、すべての手続はスマートフォンのみで実行できます。

第7章 X Premiamuでできることを知ろう

1 X premiumの新規登録を開始する

左上のプロフィール画像をタップして、メニューを表示しておく

[プレミアムプラス]を**タップ**

2 プランの選択を開始する

[Xプレミアムプラス]のプランで利用できる機能の一覧が表示された

ここでは[プレミアム]に登録する

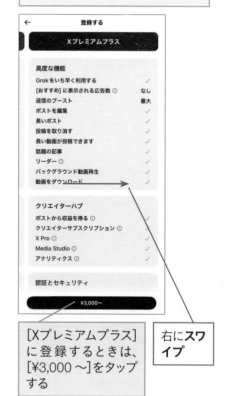

[Xプレミアムプラス]に登録するときは、[¥3,000 〜]をタップする

右に**スワイプ**

1 基本

2 ポスト

3 フォロー

4 便利ワザ

5 配信

6 パソコン

7 X Premium

8 安全

9 管理

3 プランを選択する

[プレミアム] のプランで利用できる機能の一覧が表示された

左右にスワイプすれば、違うプランの詳細が表示される

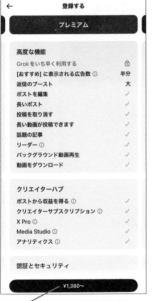

[¥1,380 〜]を**タップ**

4 支払い方法を決定する

ここでは月ごとに支払いする

❶ [1 ヵ月プラン]
を**タップ**

❷ [サブスクライブして支払う]を**タップ**

HINT プランは「1年」と「1 ヶ月」の2つ

X Premiumの支払い方法には月単位の「1 ヶ月」プランと年単位の「1年プラン」があります。1 ヶ月平均の支払額は「1年」プランのほうが少しお得になります。期間内にサブスクリプションを解約しても期間が終了するまでX Premiumの機能は使えますが、返金はされないので注意が必要です。

次のページに続く→

5 電話番号を確認する

[電話番号を確認してください。]
を**タップ**

6 登録を承認する

サイドボタンを**押す**

HINT　**青いチェックマークには電話番号の登録が必要**

X Premiumで青いチェックマークが表示されるようにするためには電話番号の登録・確認が必要になります。登録すると携帯電話にショートメールでコードが送信されるので、［認証用コード］ボックスにコードを入力し［携帯電話を認証する］をクリックすればOKです。なお、最大10個のXアカウントに同じ携帯電話番号を登録することができます。

7 登録が完了した

[完了しました。]と表示された

[OK]を**タップ**

8 身分証明書の確認を開始する

HINTを参考に、身分証明書を
用意しておく

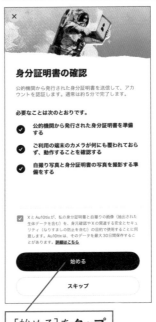

[始める]を**タップ**

画面の指示にしたがって、
身分証明書の確認を進める

HINT 身分証明書および自撮り写真も必要

X Premiumで青いチェックマークが表示されるようにするためには、電話
番号のほかに免許証やパスポートなどの身分証明書とスマートフォンのカメ
ラによる顔写真の撮影が必要になります。なお、送付した顔写真は処理の
結果が得られ次第速やかに、身分証明書の画像は受け取り後72時間以内
に削除されます。

66 投稿の修正

投稿したポストを修正しよう

Xに投稿した内容は基本的に修正できません。どうしてもしたい場合は一度削除してから新たに投稿することになりますが、X Premiumに登録すると、一度投稿したポストの内容を自由に何度でも修正することができるようになります。この機能が欲しかった人も多いのではないでしょうか？

第7章　X Premiamuでできることを知ろう

1 メニューを表示する

修正が必要なポストを
表示しておく

ここ（Androidでは⋮）を
タップ

2 ポストの修正を開始する

［ポストを編集］を**タップ**

1 基本

2 ポスト

3 フォロー

4 便利ワザ

5 配信

6 パソコン

7 X Premium

8 安全

9 管理

3 注意点を確認する

[注意]と表示された

[OK]を**タップ**

4 ポストを修正する

ここでは2行目の「音ズレ」を「訪れ」に修正する

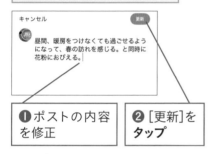

❶ ポストの内容を修正

❷ [更新]を**タップ**

5 ポストが修正された

手順4の修正が反映された

ここをタップすると、バージョン情報を表示できる

HINT 修正前の投稿を確認する

修正を行った投稿には末尾に「最終更新 ○○：○○～」と表示され、タップすると「バージョン情報」が表示されます。これは、修正前のポストと修正後のポストを並べて表示することによって、どこを修正したのか確認するための機能です。

修正前のポストを確認できる

COLUMN

Xを広告媒体として
もっと活用するには

企業やショップオーナーにとってXは手軽で便利な広告媒体になります。用意されている広告の種類は、タイムラインに掲載される「プロモーションポスト」のほかに、検索結果などに「おすすめユーザー」として表示される「プロモアカウント」、検索画面を開くと表示されるおすすめトレンドの上部に掲載される「プロモトレンド」の3種類です。いずれの広告ポストも、ユーザーが通常のポストと区別できるように末尾に「プロモーション」と表示されます。

X広告の特徴としては、ユーザーの興味関心をターゲティングする精度が高いため、他媒体と比べ比較的容易に狙った客層にアプローチできることです。

また、広告ポストを見たユーザーがリポストすることによって二次拡散が狙えるのもXならではの利点です。リポストされた広告には料金がかからないため、拡散すればするほど費用対効果が高くなります。

出稿方法など詳しくは以下のページを参照してください。

Xビジネス
https://business.X.com/ja/advertising.html

第8章

トラブルを避けて
安心・安全に使おう

67

トラブルを避ける

相手をフォローしたまま
ポストを非表示にするには

フォローはしたものの、読みたくないポストが多いアカウントは、ミュートすると タイムラインで非表示にできます。ブロック（ワザ68）したり、フォローを解除する場合とは異なり、相手にはミュートしたことは気づかれないので、角も立ちません。

フォロー中の相手のポストをミュートする

1 オプションのメニューを表示する

ワザ32を参考に、フォロー中の相手のプロフィール画面を表示しておく

ここ（Androidでは︙）を**タップ**

2 ポストをミュートする

［○○（アカウント名）さんをミュート］（Androidでは［ミュート］）を**タップ**

HINT ミュートした相手からも返信は届く

フォローしている相手をミュートしても、その相手からの返信や@ポスト、ダイレクトメッセージは［通知］画面に表示されます。また、ミュートしているアカウントのプロフィールを直接表示すれば、そのアカウントのポストを見ることができます。

3 ミュートを承諾する

[はい]（Androidでは[はい、ミュートします]）を**タップ**

4 フォロー中の相手のポストがミュートできた

フォロー中の相手のプロフィール画面にミュートのアイコンが表示された

Androidでは[フォロー]画面のユーザー名の横にミュートのアイコンが表示される

ミュートを解除する

1 ミュート中の相手のプロフィール画面を表示する

ワザ32を参考に、ミュート中の相手のプロフィール画面を表示しておく

ここを**タップ**

Androidでは相手のプロフィール画面の[ミュートを解除]をタップする

2 ミュートを解除する

[○○（アカウント名）さんのミュートを解除]（Androidでは[ミュートを解除]）を**タップ**

ミュートが解除される

1 基本

2 ポスト

3 フォロー

4 便利ワザ

5 配信

6 パソコン

7 X Premium

8 安全

9 管理

68

トラブルを避ける

迷惑なユーザーを ブロックするには

有害なポストや攻撃的なリプライを続けるといった問題がある相手は、ブロックを行うと関係を断つことができます。お互いにフォローが解除され、ブロックした相手からは自分のポストが見えなくなります。また相手からはダイレクトメッセージも送れず、再度あなたをフォローすることもできません。

ユーザーをブロックする

1 オプションのメニューを表示する

ワザ32を参考に、相手のプロフィール画面を表示しておく

ここ（Androidでは ）を **タップ**

2 アカウントをブロックする

[○○（アカウント名）さんを ブロック]（Androidでは［ブ ロック]）を**タップ**

HINT ユーザーをブロックしたときの注意点

ブロックしたとき、相手に通知は送られませんが、その相手があなたのプロフィール画面を見ると［ブロックされています］と表示されるため、自分がブロックされていることがわかります。また、あなたがアカウントを非公開にしていない場合、ブロックした相手がXにログインしていない状態ならば、あなたの投稿を見ることができます。

3 ブロックを承諾する

[ブロック]を**タップ**

4 ユーザーがブロックできた

相手のプロフィール画面に[ブロック中](Androidでは[ブロック済み])と表示された

ブロックを解除する

1 相手のプロフィール画面を
表示する

ブロックした相手のプロフィール
画面を表示する

[ブロック中](Androidでは
[ブロック済み])を**タップ**

2 ブロックを解除する

[○○(アカウント名)さんのブロックを解除する](Androidでは[ブロックを解除])を**タップ**

ブロックが解除される

1 基本
2 ポスト
3 フォロー
4 便利ワザ
5 配信
6 パソコン
7 X Premium
8 安全
9 管理

69

トラブルを避ける

ポストをフォロワーだけに
公開するには

ポストした内容をフォロワー限定で公開したいときは、ポストを「非公開」に設定しましょう。あなたがフォローリクエストを承認した人以外には、あなたのポストが表示されなくなります。再度公開に切り替えることもできますが、非公開にしていた間の投稿も公開されてしまうので注意が必要です。

第8章 トラブルを避けて安心・安全に使おう

ポストを非公開にする

1 [設定]画面を表示する

ホーム画面を表示しておく	❶プロフィール画像を**タップ**

メニュー画面が表示された	❷[設定とプライバシー]を**タップ**

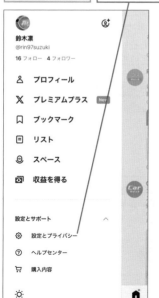

2 [プライバシーと安全]画面を表示する

[設定]画面が表示された

[プライバシーと安全]を**タップ**

3 [オーディエンスとタグ付け]画面を表示する

[プライバシーと設定]画面が
表示された

[オーディエンスとタグ付け]を
タップ

プライバシーと安全
@rin97suzuki

Xで表示および共有する情報を管理します。

Xアクティビティ

🔅 オーディエンスとタグ付け
　 Xで他のユーザーに表示する情報を管理します。

✏️ あなたのポスト
　 ポストに関連する情報を管理します。

📺 表示するコンテンツ
　 トピックや興味関心などの設定に基づいてXの表示内
　 容を決定します。

🔇 ミュートとブロック
　 ミュートまたはブロックしているアカウント、キーワー
　 ド、通知を管理します。

✉️ ダイレクトメッセージ
　 ダイレクトメッセージを送信できるユーザーを管理
　 します。

🎙️ スペース
　 スペースのアクティビティを管理

📍 見つけやすさと連絡先
　 見つけやすさの設定とインポートした連絡先を管理
　 します。

4 ポストを非公開にする

[オーディエンスとタグ付け]画面が
表示された

[ポストを非公開にする]のここを
タップ

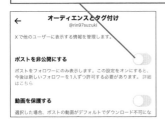

オーディエンスとタグ付け
@rin97suzuki

Xで他のユーザーに表示する情報を管理します。

ポストを非公開にする

ポストをフォロワーにのみ表示します。この設定をオンにすると、
今後は新しいフォロワーを1人ずつ許可する必要があります。詳細
はこちら

動画を保護する

選択した場合、ポストの動画がデフォルトでダウンロード不可に

5 ポストを非公開に設定できた

[ポストを非公開にする]がオ
ンになった

オーディエンスとタグ付け
@rin97suzuki

Xで他のユーザーに表示する情報を管理します。

ポストを非公開にする

ポストをフォロワーにのみ表示します。この設定をオンにすると、
今後は新しいフォロワーを1人ずつ許可する必要があります。詳細
はこちら

動画を保護する

選択した場合、ポストの動画がデフォルトでダウンロード不可にな
ります。この設定は、将来のポストに適用され、さかのぼって連

6 プロフィール画面を確認する

ワザ07を参考に、自分のプロフィー
ル画面を表示しておく

名前の右に鍵アイコンが
表示されるようになる

すべてのポストが
非公開になり、個
別のポストだけを
非公開にすること
はできない

次のページに続く ──→

フォローリクエストを承認する

1 [フォローリクエスト]画面を表示する

170ページを参考に、メニュー画面を表示しておく

フォロー申請があるときは、[フォローリクエスト]が表示される

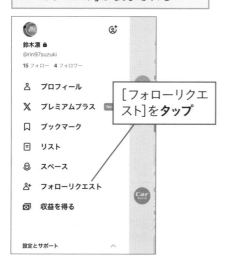

鈴木凛 🔒
@rin97suzuki
15 フォロー 4 フォロワー

👤 プロフィール
✖ プレミアムプラス
🔖 ブックマーク
🗐 リスト
🎧 スペース
👥 フォローリクエスト
📷 収益を得る

設定とサポート

[フォローリクエスト]を**タップ**

2 フォローを承認する

[フォローリクエスト]画面が表示された

ユーザー名をタップすると、プロフィールを確認できる

ここを**タップ** ✓

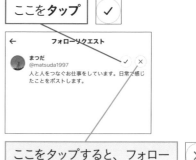

← フォローリクエスト

まつだ
@matsuda1997
人と人をつなぐお仕事をしています。日常で感じたことをポストします。

ここをタップすると、フォローを拒否できる ✕

フォローの申請に承認が与えられる

HINT 非公開アカウントにフォローリクエストを送るには

非公開に設定したアカウントのプロフィールを見ると、「ポストは非公開です。」と表示されています。フォローしたいときは、[フォローする]をタップしてフォローリクエストを送り、相手が承認すればフォローが完了します。承認されるまでは[未承認]と表示されます。

横田大輔 🔒
@daisuke15yokota

バイクで一人旅をするのが趣味の会社員。お願いします。
📅 2024年1月から Twitter を利用しています
10 フォロー中 5 フォロワー

[フォローする]をタップすると、フォローの申請が送られる

ポストは非公開です。

@daisuke15yokota さんから承認された場合のみポストやプロフィールの表示ができます。[フォローする]をタップするとフォローリクエストが送信されます。

70

トラブルを避ける

ポストに返信できる人を制限するには

ポストを非公開（ワザ69）に設定しない限り、誰でもあなたのポストを見ることができます。悪意がある返信をされることを不安に思うなら、返信できる人を制限するといいでしょう。自分がフォローしているアカウントや、自分から@付きで話しかけた相手のみに返信を制限することができます。

自分がフォローしているアカウントにのみ返信を許可する

1 ポストを入力する

ワザ11を参考に、ポストの入力画面を表示しておく

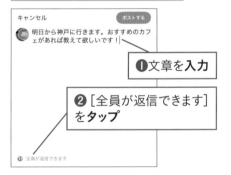

❶文章を入力

❷[全員が返信できます]をタップ

2 返信できるアカウントの種類を選択する

ここでは、自分がフォローしている相手のみ返信できるように設定する

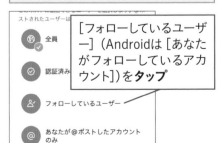

[フォローしているユーザー]（Androidは[あなたがフォローしているアカウント]）をタップ

3 返信できるアカウントの種類を変更できた

返信できる対象を変更できた

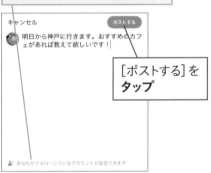

[ポストする]をタップ

●返信できる相手の画面

[この会話に返信できます]と表示される

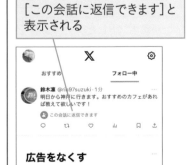

次のページに続く➡

右側のタブ:
1 基本
2 ポスト
3 フォロー
4 便利ワザ
5 配信
6 パソコン
7 X Premium
8 安全
9 管理

@でメンションしたアカウントにのみ返信を許可する

1　ポストを入力する

ワザ11を参考に、ポストの入力画面を表示しておく

❶文章を**入力**

❷[全員が返信できます]を**タップ**

2　返信できるアカウントの種類を選択する

ここでは、@でメンションしたアカウントのみ返信できるように設定する

[あなたが@ポストしたアカウントのみ]を**タップ**

3　アカウントを指定する

リプライできる相手を指定する

❶「@」の後にアカウントの一部を**入力**

❷相手のアカウントを**タップ**

4　リプライできる相手を指定してポストする

リプライできる相手が指定できた

[ポストする]を**タップ**

トラブルを避ける

DMを誰からでも
受け取れるようにするには

ダイレクトメッセージ（DM）は、初期状態では自分がフォローした相手からしか受け取ることができませんが、誰からも受け取れるように設定することができます。ポストを非公開（ワザ69）にしている場合も、ダイレクトメッセージは誰からでも受け取れる設定にすることができます。

1 ［ダイレクトメッセージ］画面を表示する

ワザ69を参考に、［プライバシーと安全］画面を表示しておく

［ダイレクトメッセージ］を**タップ**

2 メッセージリクエストを許可する

［全員］を**タップ**

3 ダイレクトメッセージが受け取れるようになった

すべてのユーザーからのメッセージリクエストが許可されるように設定された

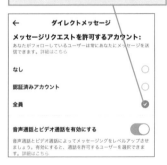

HINT **フォローしていない相手からのDMを見るには**

自分がフォローしていない相手からのダイレクトメッセージは通常のメッセージとは異なり、「メッセージリクエスト」に分類されます。ワザ22を参考に［メッセージ］画面を表示すると、上部に［メッセージリクエスト］が表示されているのでタップし、メッセージを表示します。なお返事を送るまで、メッセージを表示したことは相手に通知されません。

快適に使う

不快なコメントを
非表示にするには

ポストにコメントが付くのは嬉しいものですが、なかにはポストに関係ない宣伝を書き込まれたり、コメントで言い争いが勃発したりすることもあります。不快なコメントは、非表示に設定するといいでしょう。コメントの一覧には表示されなくなります。

第8章 トラブルを避けて安心・安全に使おう

1 ポストに届いた返信を非表示にする

ワザ34を参考に、ポストの返信（リプライ）を表示しておく

❶非表示にしたい返信のここ（Androidでは⋮）を**タップ**

❷[返信を非表示にする]を**タップ**

2 返信の非表示を設定する

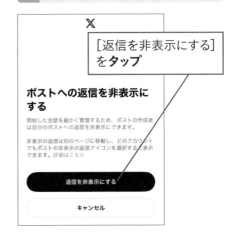

[返信を非表示にする]を**タップ**

3 アカウントをブロックするかどうかを設定する

ここでは、アカウントはブロックせず返信のみ非表示にする

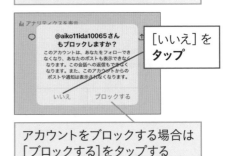

[いいえ]を**タップ**

アカウントをブロックする場合は[ブロックする]をタップする

73

快適に使う

特定のワードを
ミュートするには

見たくない内容を見ないようにするための方法に、キーワードのミュート設定があります。登録したキーワードを含んだポストや通知が表示されなくなります。ミュートする対象や期間は設定できるので、一時的に「バズって」いるキーワードにうんざりしているときなどに使えば快適さを保つことができます。

1 [プライバシーと安全]画面を
　　表示する

ワザ69を参考に、［プライバシーと安全]画面を表示しておく

［ミュートとブロック]を**タップ**

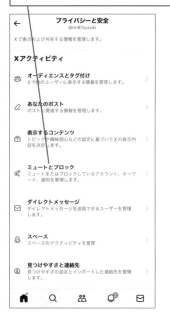

2 [ミュートするキーワード]画面を
　　表示する

［ミュートとブロック］画面が表示された

［ミュートするキーワード]を**タップ**

1 基本

2 ポスト

3 フォロー

4 便利ワザ

5 配信

6 パソコン

7 X Premium

8 安全

9 管理

次のページに続く→

3 ミュートするキーワードを追加する

[ミュートするキーワード]画面が
表示された

ミュートするキーワードを追加する
と、この画面に一覧表示される

[追加する](Androidでは[+])を
タップ

4 キーワードを入力して保存する

[ミュートするキーワードを追加]
画面が表示された

❶[単語やフレーズを入力]を
タップ

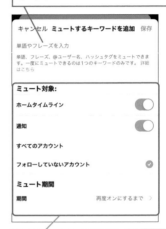

ミュートする対象や期間も
設定できる

❷キーワードを**入力**

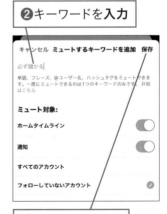

❸[保存]を**タップ**

ミュートするキーワードが
追加される

快適に使う

見たくない広告が出てきたら

タイムラインにはさまざまな広告が表示されます。自分の趣味に合わなかったり不快に感じる広告が現れたら、その場でミュートしてしまいましょう。ミュートしたアカウントの広告はそれ以降表示されなくなります。コマメに設定することが、快適なタイムラインを保つコツです。

1 オプションのメニューを表示する

ホーム画面を表示しておく

ミュートしたい広告のここ
（Androidでは⋮）を**タップ**

2 広告をミュートする

[○○（アカウント名）さんを
ミュート]を**タップ**

3 ミュートの確認画面で承諾する

アカウントをミュートするかを
たずねる画面が表示された

Androidではすぐにミュートされる

[はい]を**タップ**

指定したアカウントの広告が
ミュートされる

1 基本
2 ポスト
3 フォロー
4 便利ワザ
5 配信
6 パソコン
7 X Premium
8 安全
9 管理

不要な通知を減らすには

「いいね」されたときやリプライを受けたときなど、Xからはいろいろな通知が送られてきます。重要な通知を見逃さないためにも、不要な通知はオフにしておきましょう。リアルタイムで送られる「プッシュ通知」とメールで送られる「メール通知」のそれぞれで、受け取る通知を細かく設定できます。

第8章 トラブルを避けて安心・安全に使おう

プッシュ通知の設定を変更する

1 [通知]の設定画面を表示する

ワザ69を参考に[設定]画面を表示した後、[通知]をタップしておく

[設定]を**タップ**

2 [プッシュ通知]画面を表示する

[プッシュ通知]を**タップ**

3 プッシュ通知のオン/オフを変更する

[プッシュ通知]画面が表示された

各項目のここをタップしてオン/オフを切り替える

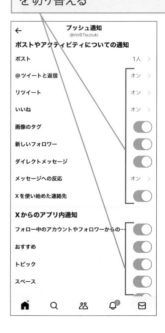

メール通知の設定を変更する

1 [メール通知]画面を表示する

前ページを参考に[通知]の
設定画面を表示しておく

[メール通知]を**タップ**

2 メール通知をオフにする

[メール通知]画面が表示された

ここではすべてのメール通知を
オフにする

[メール通知]のここを**タップ**

3 メール通知をオフにできた

すべてのメール通知がオフになった

項目ごとに設定したい場合は、
手順2の画面で各項目をタッ
プして切り替える

1 基本

2 ポスト

3 フォロー

4 便利ワザ

5 配信

6 パソコン

7 X Premium

8 安全

9 管理

快適に使う

通知を受け取る範囲を
設定するには

せっかく通知が届いて確認してみたら、見るからに不審なアカウントだったという残念な経験をしたことがある人は多いのではないでしょうか。自分がフォローしていないアカウントや、フォローされていないアカウントからリプライやいいねが付いても通知が届かないように設定することができます。

1 [通知]画面を表示する

ワザ69を参考に、[設定]画面を表示しておく

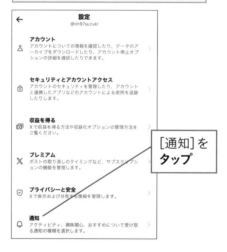

[通知]を
タップ

2 [フィルター]画面を表示する

[通知]画面が
表示された

[フィルター]を
タップ

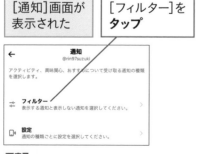

3 [ミュートしている通知]画面を表示する

[フィルター]画面が表示された

[ミュートしている通知]を**タップ**

4 ミュートする通知を設定する

[フォローしていないアカウント]や
[フォローされていないアカウント]
のここをタップして、通知をミュートする

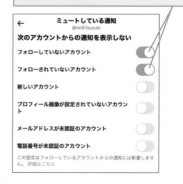

安全に使う

2要素認証を設定して
セキュリティを高めよう

セキュリティを高めるために「2要素認証」を設定しておくことをおすすめします。これはパスワードに加えて、認証アプリ等で送られるコードを入力しないとログインできなくなる機能です。パスワードが漏洩しても、第三者にアカウントを乗っ取られる可能性が低くなります。

1 認証アプリの準備をする

[Google Authenticator] アプリをインストールして起動しておく

Androidですでにに Googleアカウントが登録されているときは、[使ってみる]をタップした後、[○○（アカウントの名字）で続行]をタップして手順3に進む

❶ [開始] を **タップ**

❷ [ログイン] を **タップ**

「"Authenticator"がサインインのために"google.com"を使用しようとしています。」と表示されたら、[続ける]をタップしておく

2 Googleアカウントでログインする

❶ Googleアカウントのメールアドレスを入力

❷ [次へ] を **タップ**

❸ パスワードを入力

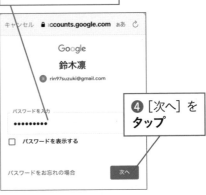

❹ [次へ] を **タップ**

[Google Authenticator] アプリを閉じておく

次のページに続く→

3 [パスワード]画面を表示する

iPhoneの [設定] アプリを
起動しておく

Androidは手順6に進む

❶上にスワイプして下にスクロール

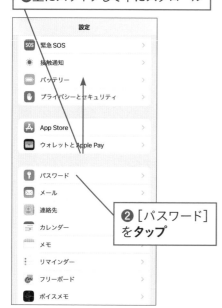

❷ [パスワード]
をタップ

4 [パスワードオプション]画面を表示する

[パスワードオプション]をタップ

5 連携するアプリを選択する

[Authenticator]をタップ

iPhoneの [設定] アプリを
閉じておく

HINT 認証アプリ以外でも 2要素認証ができる

ここでは認証アプリによる2要素
認証を紹介しましたが、ほかに
ショートメールを使って認証コー
ドを送る方法もあります。手順9で
[ショートメール]を選べばOKです。

6 [セキュリティとアカウントアクセス]画面を表示する

事前にメールアドレスや携帯電話を登録しておく

ワザ69を参考に、[設定]画面を表示しておく

[セキュリティとアカウントアクセス]を**タップ**

7 [セキュリティ]画面を表示する

[セキュリティ]を**タップ**

8 [2要素認証]の項目を表示する

[2要素認証]のここ(Androidでは[2要素認証]の文字)を**タップ**

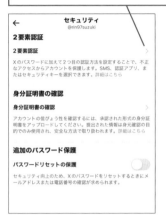

9 [認証アプリ]の項目を表示する

[認証アプリ]のここを**タップ**

1 基本

2 ポスト

3 フォロー

4 便利ワザ

5 配信

6 パソコン

7 X Premium

8 安全

9 管理

次のページに続く→

10 Xのパスワードを入力する

あらかじめ登録したメールアドレスを
追加する

❶ パスワードを入力

❷ [確認]をタップ

11 認証アプリとの連携を開始する

[はじめる]を**タップ**

12 認証アプリとの連携を進める

[Link app]を**タップ**

iPhoneのパスコードを求められ
たらパスコードを入力しておく

13 トークンを追加する

[Google Authenticator] アプリ
に画面が切り替わった

[はい]を
タップ

HINT アプリ選択画面が表示されるときは

スマートフォンにGoogle Authenti
cator以外の認証アプリを入れて
いる場合、アプリ選択画面が表
示されます。表示されたアイコン
の中から、Google Authenticator
を選びましょう。

14 認証コードを入力する

認証コードが表示される
ので暗記しておく

❶[X]アプリに切り替える

❷認証コードを入力

❸[確認]を**タップ**

HINT
認証コード入力では
ここに注意

認証コードは一定時間が過ぎると
無効になってしまいます。その場
合は再度連携をやり直しましょう。
なお、認証コードを入力するとき
は、Google Authenticatorアプリ
から[X]アプリに切り替える必要が
あります。

---

15 アプリの連携が完了した

[完了]を**タップ**

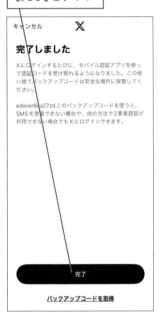

---

16 [認証アプリ]で2要素認証が
設定された

[認証アプリ]のここが
オンになった

---

1 基本

2 ポスト

3 フォロー

4 便利ワザ

5 配信

6 パソコン

7 X Premium

8 安全

9 管理

78

安全に使う

不要なアプリ連携を
解除するには

アプリ連携とは、ほかのアプリとXのアカウントを紐づけて、いろいろなサービスを利用できるようにする仕組みです。しかしなかには問題のあるアプリもあり、勝手にポストを投稿されてしまうなどのトラブルもあります。不要なアプリ連携をしていないか確認し、怪しいものは連携を解除しましょう。

1 [セキュリティとアカウントアクセス]画面を表示する	**2** [アプリとセッション]画面を表示する

1

ワザ69を参考に、[設定]画面を表示しておく

[セキュリティとアカウントアクセス]をタップ

2

[セキュリティとアカウントアクセス]画面が表示された

[アプリとセッション]をタップ

X公式以外にも、Xを利用できるクライアントアプリが提供されています。これらのアプリを使うときには、アプリ連携が必ず行われます。また、特にXの機能は使わないサービスでも、ログイン手段としてXとのアプリ連携が用意されていることもあります。右図はアプリ連携を承認する画面です。

キャンセル　X

Tweeter for Apple Watch によるアカウントへのアクセスを許可しますか?

Tweeter for Apple Watch

アプリ連携の際には認証画面が表示される

このアプリは次のことができるようになります。
・このアカウントのタイムラインに表示されるツイート(非公開ツイートを含む)や、リストとコレクションを確認する。
・このアカウントでプロフィール情報とアカウントの設定を確認する。
・フォロー、ミュート、ブロックしているアカウントを確認する。
・他のアカウントをフォロー、フォロー解除する。
・このアカウントでプロフィールとアカウントの設定を変更する。
・このアカウントでツイートを送信および削除する、他のアカウントのツイートをエンゲージメント(いいね、いいねの取り消し、ツイートへの返信、リツイートなど)する。
・このアカウントでリストやコレクションを作成、管理、削除する。
・他のアカウントをミュート、ブロック、報告する。
・このアカウントでダイレクトメッセージを送信、確認、管理、削除する。

3 連携しているアプリの一覧を表示する

[アプリとセッション]
画面が表示された

[連携しているアプリ]を**タップ**

4 連携を解除するアプリを選択する

連携しているアプリの
一覧が表示された

連携を解除するアプリを**タップ**

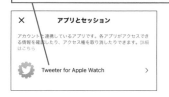

5 アプリ連携を解除する

連携しているアプリのアクセス権が
表示された

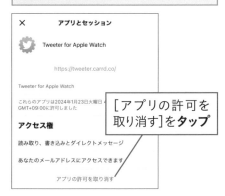

[アプリの許可を
取り消す]を**タップ**

6 アプリ連携が解除された

アプリ連携が解除された

1 基本
2 ポスト
3 フォロー
4 便利ワザ
5 配信
6 パソコン
7 X Premium
8 安全
9 管理

HINT 連携アプリのアクセス権

手順5の画面に表示されるアクセス権とは、そのアプリにどのような権限が
与えられているかを表しています。「読み取り」は、あなたのプロフィール
情報やポスト、フォロー・ミュート・ブロックしているアカウントなどを閲覧で
きる権限で、これには非公開情報も含まれます。「書き込み」はアプリがあ
なたに代わってプロフィール情報を更新したり、ポストを投稿できる権限で
す。広告などが勝手にポストされるのはこの権限を与えているためです。「ダ
イレクトメッセージ」はDMを送る権限、「メールアドレス」はアカウントに登
録されているメールアドレスを閲覧することができる権限です。

データ通信量を節約するには

通信容量の上限があるデータ通信プランを契約している人は、なるべく通信量を減らしたいと考えるのではないでしょうか。Xのデータセーバーを設定すると、データ通信量を抑えることができます。設定すると、動画が自動再生されず、画像も低画質で読み込まれます。

第8章 トラブルを避けて安心・安全に使おう

1 [データ利用の設定]画面を表示する

ワザ69を参考に[設定]画面を表示した後、[アクセシビリティ、表示、言語]をタップしておく

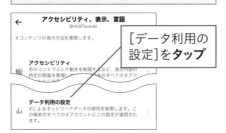

[データ利用の設定]を**タップ**

2 [データセーバー]を設定する

[データセーバー]のここを**タップ**

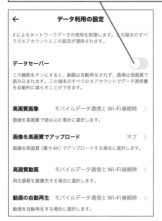

3 [データセーバー]が設定できた

動画の自動再生などが制限され、通信量を制限できる

HINT Wi-Fi接続時は節約しない設定にもできる

データ通信量を気にしなくていいWi-Fi接続時には、動画の自動再生機能を使いたい場合もあります。その場合は手順2の画面から設定します。

手順2の画面で[動画の自動再生]をタップする

[Wi-Fi接続時のみ]を**タップ**

第 9 章

アカウントを管理しよう

80

複数のアカウントを切り替えて使うには

Xでは複数のアカウントの取得が許可されており、特にスマートフォンのアプリではアカウントの作成も切り替えも手軽に行えます。プライベートと仕事で使い分ける、複数のブランドで使い分ける、鍵のかかったアカウントを別に使いたい、といった場合などに便利でしょう。

第9章　アカウントを管理しよう

2つ目のアカウントを作成する

1 アカウントのメニューを表示する

ホーム画面を表示しておく

❶プロフィール画像を**タップ**

❷ここ（Androidでは🅘）を**タップ**

2 アカウントを作成する

メニューが表示された

[新しいアカウントを作成]を**タップ**

アカウント作成画面が表示されるので、ワザ03、04を参考に、新しいアカウントを作成する

2つ目のアカウントが作成できた

アカウントを切り替える

1 メニュー画面を表示する

作成したアカウントのホーム画面を
表示しておく

プロフィール画像を**タップ**

2 アカウントを切り替える

メニュー画面が表示された

切り替えたいアカウントの
プロフィール画像を**タップ**

3 アカウントが切り替えられた

選択したアカウントのホーム画面が
表示された

HINT プロフィール画像が表示されない場合は

切り替えるアカウントのプロフィール画像は、3つまで表示されます。それ以上のアカウントを利用している場合には、手順2の画面で□（Androidでは前ページの手順1の画面で∨）をタップすると、ログインしているすべてのアカウントのプロフィール画像が表示されます。

タップで切り替えられる

81

アカウントの管理

アカウントがロック・凍結されたときは

Xではトラブルやルール違反などによって利用が制限されたり停止されたりすることがあります。利用停止処分には「アカウントロック」「凍結」「永久凍結」の3種類があり、それぞれペナルティーも異なります。ここではそれぞれの原因と対処法を解説します。

第9章 アカウントを管理しよう

アカウントが「ロック」される理由

アカウントの「ロック」はXからの警告のような位置付けのソフトな処分です。ログインしようとすると「このアカウントはロックされています」と表示され、自分のアカウントにログインできなくなります。当然ポストやフォロー、リポスト、「いいね」などもできなくなります。理由にもよりますが、違反ポストの削除や、メールや電話番号による認証などの本人確認で解除されることが多いようです。

●アカウントがロックされる主な理由
● セキュリティ上の理由 (そのアカウントで不審な行為が発見された) 等
● Xルールに違反している言動
● 過剰な「いいね」、リポスト、引用ポスト

Xルールに目を通しておこう

Xルール
https://help.X.com/ja/rules-and-policies/X-rules

アカウントが「凍結」される理由

「凍結」はロックよりも厳しい処置です。ログインはできますが閲覧しかできず、新規ポストや「いいね」などの操作が一切できなくなります。またフォロー・フォロワー数もゼロになってしまいます。X側の手違いの場合もあるので、復活されない場合は異議申し立てができます。ただし一番重い処分である「永久凍結」になるとアカウントの復旧はほぼできないと思ったほうがいいでしょう。

●アカウントが凍結される主な理由
- スパム行為
- セキュリティ上の危険（乗っ取りやハッキングにあっていると判断された場合）
- Xルールに反する、攻撃的なポストや行動

ロック・凍結に異議申し立てをする

心当たりがないのにアカウントがロック、凍結されたときは、諦めずWebブラウザーで以下のヘルプページにアクセスし、対処法を読みましょう。「サポートに問い合わせて異議申し立てを行う」というリンクから、異議申し立てのフォームを表示できます。理由を書いて提出しましょう。異議が認められれば、アカウントは復活します。

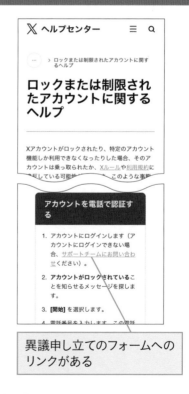

異議申し立てのフォームへの
リンクがある

ロックまたは制限されたアカウントに関するヘルプ
https://help.X.com/ja/managing-your-account/locked-and-limited-accounts

1 基本

2 ポスト

3 フォロー

4 便利ワザ

5 配信

6 パソコン

7 X Premium

8 安全

9 管理

82

アカウントの管理

アカウントが乗っ取られたときは

アカウントを悪意の第三者に勝手に操作されてしまうことを「乗っ取り」と呼びます。乗っ取られるとフィッシングサイトや架空請求などの詐欺サイトに利用されたり、フォロワーに勝手にダイレクトメッセージを送られたり、最悪のケースではアカウントの永久凍結といった被害にあう可能性があります。

「乗っ取り」とはどんな現象？

アカウントを乗っ取られることで起きる被害にはさまざまなものがありますが、特に怖いのは乗っ取りに気付かないことです。気付いたときには周囲の人にも被害を拡散してしまったという例が多数見受けられます。

乗っ取りの原因は大きく2つ。ほかのサービスから流出した個人情報をもとに不正ログインされるパターンと、悪意を持ったアプリと連携してしまったことでアクセスを許してしまうパターンです。乗っ取られたかな、と思ったときは、下記のチェックリストで確認しましょう。

●乗っ取りに遭ったときの主な現象
- 勝手にポストを投稿される
- 勝手にフォローされる
- 勝手にダイレクトメッセージが送信される

●乗っ取りが疑われるときに確認するべき事項
☑自分のタイムラインに身に覚えのないポストがないか？
☑身に覚えのないダイレクトメッセージを送信していないか？
☑Xから乗っ取りを警告する通知などが来ていないか？
☑パスワードが使用できなくなったり、ログインできなくなっていないか？

乗っ取りが起きてしまったら

乗っ取りが起きたことが確認できたら、焦らずにまずはログインパスワードの変更（ワザ84）と、怪しいアプリ連携の解除（ワザ78）の2つの手段を試してみましょう。また、乗っ取られたXのアカウントと同じパスワードを使っているサービスがあれば、そちらもパスワードを変更しておくといいでしょう。

なお乗っ取りが起きた後にパスワードが変更されてしまい、パスワードリセットもできない場合、残念ながら自分の手では復旧できないので、Xのサポートに問い合わせましょう。また、そうならないように、下のHINTも参考に、日ごろから不審なアクセスがないことを確認しておきましょう。

Xの「お問い合わせ」
https://help.X.com/ja/forms

HINT　Xのアカウントアクセス履歴を調べてみよう

アカウントアクセス履歴を見ると、アカウントに対して怪しいアクセスがないか調べることができます。ワザ57を参考に、パソコンやスマートフォンのWebブラウザーでログインし、左カラムのメニューから［もっと見る］-［設定とプライバシー］-［セキュリティとアカウントアクセス］-［アプリとセッション］-［アカウントアクセス履歴］とタップして、パスワード確認を行うとXのアカウントアクセス履歴が表示されます。なお、iOS版のアプリではアクセスできません。

> Webブラウザーでログインすると「アカウントアクセス履歴」が確認できる

> 不審なアクセスがないか確認する

1 基本
2 ポスト
3 フォロー
4 便利ワザ
5 配信
6 パソコン
7 X Premium
8 安全
9 管理

83

メールアドレスを変更するには

登録しているメールアドレスを使わなくなったりメールアドレスが新しくなったりしたときは、Xのメールアドレスも更新しましょう。古いメールアドレスを変更したときは確認のメールが届きます。心当たりがないのに警告のメールが届いたら、乗っ取りの可能性を疑う必要があります。

1 [アカウント]画面を表示する

ワザ69を参考に、[設定]画面を表示しておく

[アカウント]を**タップ**

2 [アカウント]画面を表示する

ログイン中のアカウントの[アカウント]画面が表示された

❶ [アカウント情報]を**タップ**

❷メールアドレスを**タップ**

3 パスワードを入力する

パスワードの入力画面が表示された

❶パスワードを**入力**　❷[次へ]を**タップ**

𝕏

新しいパスワードを再入力

続けるには𝕏のパスワードをもう一度入力してください。

パスワード
••••••••

次へ

キャンセル

4 メールアドレスを入力する

[メールアドレスを変更]画面が
表示された

❶変更するメールアドレスを**入力**

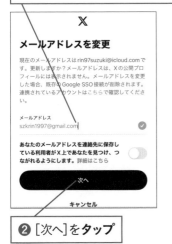

𝕏

メールアドレスを変更

現在のメールアドレスはrin97suzuki@icloud.comです。更新しますか？メールアドレスは、𝕏の公開プロフィールには表示されません。メールアドレスを変更した場合、既存のGoogle SSO接続が削除されます。連携されているアカウントはこちらで確認してください。

メールアドレス
szkrin1997@gmail.com ✓

あなたのメールアドレスを連絡先に保存している利用者が𝕏上であなたを見つけ、つながれるようにします。詳細はこちら

次へ

キャンセル

❷[次へ]を**タップ**

5 メールアドレスを認証する

登録した携帯電話に認証コードが
送られる

❶認証コードを**入力**

← 𝕏

認証コードを送信しました

以下にコードを入力してメールアドレスを認証してください。

| 8 | 3 | 6 | 1 | 8 | 0 |

コードが届かない場合

認証

❷[認証]を**タップ**

メールアドレスが変更される

1 基本

2 ポスト

3 フォロー

4 便利ワザ

5 配信

6 パソコン

7 X Premium

8 安全

9 管理

HINT メールアドレスは必ず設定しておこう

電話番号でアカウントを登録した場合、メールアドレスは設定せずに使うこともできますが、パスワードを変更する際などの本人確認に使われるので、セキュリティを高めるためにも設定しておくのがおすすめです。ただし複数のメールアドレスを使用している場合は、どのアドレスを𝕏アカウントに設定したか忘れないようにしておきましょう。

84

パスワードを変更するには

アカウントを乗っ取られてしまった場合はもちろん、セキュリティに不安がある場合にも、パスワードの変更は有効です。推測しにくい文字（大文字、小文字、数字、記号を組み合わせた8文字以上）を使用しましょう。ほかのサービスと同じパスワードを使うのも厳禁です。

第9章 アカウントを管理しよう

パスワードを変更する

1 [アカウント]画面を表示する

ワザ69を参考に、[設定]画面を表示しておく

[アカウント]を**タップ**

2 [パスワードを更新]画面を表示する

[アカウント]画面が表示された

[パスワードを変更する]を**タップ**

[パスワードを更新]画面が
表示された

❶現在のパスワードを**入力**

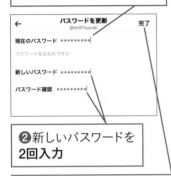

❷新しいパスワードを
2回入力

❸[完了]（Androidでは[パスワー
ドを更新]）を**タップ**

パスワードが変更される

1 基本

2 ポスト

3 フォロー

4 便利ワザ

5 配信

6 パソコン

7 X Premium

8 安全

9 管理

HINT 現在のパスワードを忘れたときは

パスワードを忘れてしまったら、手順3の画面で[パスワードをお忘れです
か]（Androidでは[パスワードを忘れた場合はこちら]）をタップします。[X
アカウントを探す]画面でユーザー名を入力し、[検索]をタップします。
アカウントが見つかると、登録したメールアドレスや電話番号の確認画面が
表示されるので、入力して操作を進めます。パスワードのリセット手段の確
認画面が表示されたら、携帯電話番号（SMS）またはメールアドレスを選択
して[次へ]をタップします。8桁の認証コードが送られてくるので、認証コー
ドをXの画面で入力して[認証する]をタップします（メールでリセット用の
リンクが送られてきた場合は、本文中の[パスワードをリセット]ボタンを
タップします）。パスワードがリセットされると、新しいパスワードの入力画
面が表示されます。後は新しいパスワードを2回入力して[パスワードをリ
セット]をタップすれば変更作業は終了です。

85

アカウントの管理

アカウントをアプリから
ログアウトするには

ワザ80で解説したように、Xでは複数のアカウントをアプリに登録し切り替えて
使えますが、あまり使わないアカウントを表示していても意味はありません。こ
こでは使わなくなったアカウントをアプリから一時的にログアウトし、アプリか
ら削除する方法を紹介します。

1 アカウントの切り替え画面を表示する

ワザ80を参考に、メニュー
を表示しておく

ここを**タップ** ⋯

2 アカウントの編集画面を表示する

アカウントの切り替え画面が
表示された

[編集]を**タップ**

HINT Androidでアプリから ログアウトするには

Androidでは、ログアウトしたい
アカウントに切り替えた状態で手
順1のメニューを表示し、[設定と
プライバシー]-[アカウント]-[ア
カウント情報]の順にタップします。
[ログアウト]をタップし、確認画
面で[ログアウト]をタップすると、
アプリからログアウトできます。

1 基本

2 ポスト

3 フォロー

4 便利ワザ

5 配信

6 パソコン

7 X Premium

8 安全

9 管理

3 アカウントをアプリから ログアウトする

編集可能な状態になった

❶ ログアウトするアカウント のここを**タップ**

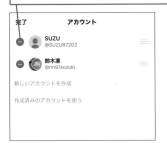

❷ [ログアウト]を**タップ**

4 編集画面を閉じる

アカウントがアプリから ログアウトできた

❶ [完了]を**タップ**

❷ [完了]を**タップ**

HINT **アカウントの並び順は変更できる**

手順3の画面でアカウント名の右側に表示されている☰を上下にドラッグすることでアカウントの並び順を変更することができます。ただし、Android版のアプリでこの操作はできません。

HINT **ログアウトは退会ではない**

ここでの手順はあくまでアプリからログアウトしただけで、アカウントそのものが削除されたわけではありません。手順2の画面で[作成済みのアカウントを使う]をタップすれば再び同じアカウントでログインし、Xを使うことができます。

86

アカウントの管理

アカウントを削除して退会するには

Xを完全に退会するときは、ただアプリを削除するのではなくアカウントを完全に削除します。この操作を行うとこれまでのポストやダイレクトメッセージもすべて削除されます。なお、Xではアカウントを削除してしばらくすると、別の人がそのユーザー名を取得することができるようになります。

1 [アカウントを削除]画面を表示する

ワザ85を参考に、削除したいアカウントで [アカウント] 画面を表示しておく

[アカウントを停止する]（Androidでは [アカウントを削除]）を**タップ**

2 [パスワードを確認]画面を表示する

[アカウントを削除]（Androidでは [アカウントを削除する]）画面が表示された

[アカウント削除]を**タップ**

3 アカウントを削除する

[パスワードを確認]画面が表示された

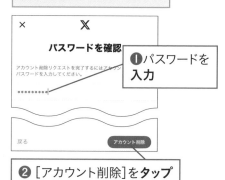

❶パスワードを入力

❷[アカウント削除]を**タップ**

❸[削除する]を**タップ**

次の画面で [OK] をタップする

HINT アカウントを復活させるには

削除したアカウントは、30日以内であれば再びログインするだけで復活できます。消えたポストなども、しばらくすると元に戻ります。

第9章 アカウントを管理しよう

Q 索引

■著者

田口和裕（たぐち かずひろ）

タイ在住のフリーライター。ウェブサイト制作会社から2003年に独立。書籍、ウェブサイトを中心に、ソーシャルメディア、クラウドサービスなどのコンシューマー向け記事から、企業向けセミナーレポートなどのビジネス系記事まで、IT全般を対象に幅広く執筆。
著書は『生成AI推し技大全 ChatGPT＋主要AI 活用アイデア100選』（インプレス・共著）など多数。

森嶋良子（もりしま りょうこ）

ライター、エディター。編集プロダクション勤務の後独立、現在は独立行政法人の研究員も兼任。ITに軸足を置き、初心者向けガイドやインタビュー記事などを主に執筆。
著書に『できるfit LINE&Instagram&Facebook&Twitter 基本&やりたいこと140』（インプレス・共著）、『今すぐ使えるかんたん ぜったいデキます! タブレット 超入門』（技術評論社）などがある。

STAFF

カバーデザイン／本文フォーマット	伊藤忠インタラクティブ株式会社
本文イメージイラスト	ケン・サイトー
DTP制作	柏倉真理子
編集／DTP	高木大地
校正	株式会社トップスタジオ

デザイン制作室	今津幸弘
デスク	渡辺彩子
編集長	柳沼俊宏

■商品に関する問い合わせ先

このたびは弊社商品をご購入いただきありがとうございます。本書の内容などに関するお問い合わせは、下記のURLまたは二次元バーコードにある問い合わせフォームからお送りください。

https://book.impress.co.jp/info/

上記フォームがご利用いただけない場合のメールでの問い合わせ先
info@impress.co.jp

※お問い合わせの際は、書名、ISBN、お名前、お電話番号、メールアドレスに加えて、「該当するページ」と「具体的なご質問内容」「お使いの動作環境」を必ずご明記ください。なお、本書の範囲を超えるご質問にはお答えできないのでご了承ください。

●電話やFAXでのご質問には対応しておりません。また、封書でのお問い合わせは回答までに日数をいただく場合があります。あらかじめご了承ください。

●インプレスブックスの本書情報ページ https://book.impress.co.jp/books/1123101141 では、本書のサポート情報や正誤表・訂正情報などを提供しています。あわせてご確認ください。

●本書の奥付に記載されている初版発行日から3年が経過した場合、もしくは本書で紹介している製品やサービスについて提供会社によるサポートが終了した場合はご質問にお答えできない場合があります。

■落丁・乱丁本などの問い合わせ先
FAX　03-6837-5023
service@impress.co.jp
※古書店で購入された商品はお取り替えできません。

できる<ruby>fit<rt>フィット</rt></ruby>

<ruby>X<rt>エックス</rt></ruby>（<ruby>旧<rt>きゅう</rt></ruby><ruby>Twitter<rt>ツイッター</rt></ruby>）<ruby>基本<rt>きほん</rt></ruby>&<ruby>やりたいこと<rt>アンド</rt></ruby>86

2024年4月1日　初版発行

著　者　<ruby>田口和裕<rt>たぐちかずひろ</rt></ruby>・<ruby>森嶋良子<rt>もりしまりょうこ</rt></ruby>&<ruby>できるシリーズ編集部<rt>へんしゅうぶ</rt></ruby>

発行人　高橋隆志

発行所　株式会社インプレス
　　　　〒101-0051　東京都千代田区神田神保町一丁目105番地
　　　　ホームページ　https://book.impress.co.jp/

印刷所　株式会社 暁印刷
ISBN978-4-295-01887-2 C3055

Printed in Japan

株式会社インプレス